日本の謀略機関
陸軍登戸研究所

木下健蔵
Kenzo Kinoshita

文芸社

目次

参考資料

「日本における生物化学兵器の歴史について」粟屋憲太郎

陸軍登戸研究所関係年表

本文敬称略

日本の謀略機関　陸軍登戸研究所

第一章　陸軍登戸研究所の歴史

1　陸軍科学研究所と秘密戦資材研究室の創設

謀略・諜報・防諜・宣伝などの秘密戦（スパイ戦）に必要な資材・器材の研究開発にあたる日本で最初の機関「秘密戦資材研究室」、別名「篠田研究室」（室長篠田鐐大尉）が、新宿戸山ヶ原の陸軍科学研究所第二部の一室に誕生したのは、一九二七（昭和二）年四月のことである。

後に「陸軍登戸研究所」（以後、登戸研究所と略す）と呼ばれることになる、この研究所の全体像が明らかになったのは平成になってからである。以前にも、風船爆弾や偽造紙幣など研究の一部は関係者の出版物により明らかにされていたが、全体像は不明のままであった。

秘密戦資材研究室が誕生した陸軍科学研究所は兵器の研究を行う陸軍技術本部とともに、一九一九（大正八）年四月、〈勅令第一一〇号〉「陸軍科学研究所令」（大正八年四月十二日公布、四月十五日施行）により創設された研究所で、日本ではじめて誕生した本格的な化学（毒ガス）兵器の研究機関でもある。

陸軍科学研究所の理由書は、設置の理由を次のように述べている。

欧州大戦ノ実験竝ニ帝国陸軍ノ実況ニ鑑ミ、陸軍技術ヲ進歩セシムル為ニハ、工芸ノ基礎タルヘキ科学ノ研究調査ヲ必要ナリト認メ、陸軍火薬研究所ヲ廃シ、之ヲ骨子トシテ新ニ科学研究所ヲ設置スルヲ至当ナリト認メタルニ由ル

「陸軍科学研究所令」第一条によれば、「陸軍科学研究所ハ兵器及兵器材料ニ関スル科学ヲ調査研究ス」ところで、陸軍技術本部長に隷属していた。創設当時は二課制をとっており、第一課が物理関係、第二課が化学（毒ガス）関係の研究を行っていた。

わが国における化学兵器の研究開発に関係した機関としては、一九一八（大正七）年に設立された陸軍軍医学校内の「化学兵器研究室」（軍陣衛生学教室）、同年五月に陸軍省内に設置された「臨時毒瓦斯調査委員会」が最初であるが、その内容は各国の化学兵器の調査程度のもので、本格的な研究はその後、陸軍科学研究所第二課に設置された「化学兵器班」が最初である。

一九二五（大正十四）年五月には、〈勅令第一五二号〉（大正十四年四月二十七日公

布、五月一日施行）により、第一課が第一部に、第二課が第二部と第三部に改編されている。同時に第二課の化学兵器班も解消され、化学兵器の研究は新設された第三部が担当することになった。この第三部は陸軍の化学兵器の最終的研究機関となる「第六陸軍技術研究所」につながることになる。

秘密戦資材研究室が設立された翌年、関東軍参謀河本大作大佐らの謀略により、張作霖の乗った列車が、奉天（現瀋陽）で爆破されるという事件が起きた。

この関東軍によって仕掛けられた、謀略をもって相手国との戦争のきっかけをつくるという方法は、その後の柳条湖事件に端を発する満州事変、日中戦争、さらに太平洋戦争へと進むさきがけとなるものであった。謀略と奇襲という戦略は、以後、日本軍の開戦の常套手段となるのである。

2　陸軍科学研究所登戸出張所の設立

秘密戦資材研究室もこのような戦略上の要求により、組織も拡大され研究員も増員されたため、一九三七（昭和十二）年川崎市登戸の拓殖学校跡地（現明治大学生田校舎）に十一万坪の用地を確保し一部が移転、一九三九（昭和十四）年には同地に全面移転し、「陸軍科学研究所登戸出張所」となった。

当時、外国のレーダーに対抗するため、わが国においても超短波の研究促進が要請され、陸軍科学研究所でも強力電波発生の研究が企画された。そこで、戸山ヶ原の施設では電波兵器の研究には手狭なため、新たな研究所の敷地選定にとりかかることになったのである。

このときの様子を、「陸軍科学研究所歴史・巻之三」では次のように述べている。

登戸実験場ノ新設

特殊技術本来ノ特性ト陸軍科学研究所ノ特性トヲ顧慮シ、科学ノ未知ノ領域ヲ開拓シテ奇襲戦力大ナル新兵器ヲ創造スル新研究ヲ指向スルニ決セリ。然ルニ当所ハ其敷地狭隘ニシテ、此種ノ危険ヲ伴フコト大ナル研究ヲ実施スルノ余地ニ乏シク、且秘密維持亦十分ヲ期シ難キヲ以テ、新ニ東京近郊ニ地ヲ相シ実験場ヲ建設スルニ至リ、昭和十二年五月上旬、上司ノ認可得テ神奈川県橘樹郡生田村ノ地ヲ選定シ、昭和十二年十一月、土地建物ノ購入ヲ完了セリ、之ヲ登戸実験場ト命名シ、当分ノ内本部所属トシテ所長ノ直轄研究機関トナシ、同年十二月十二日研究員ノ一部ヲ移転シ研究ヲ開始シ、昭和十三年三月略々其態勢ヲ整フルニ至レリ

ここで述べられているように、秘密戦資材研究室の一部が登戸に移転したのは、一九三七（昭和十二）年十一月のことであり、このときの名称を「登戸実験場」と呼んだ。以後、「登戸」という通称名が使用されるようになり、後に「第九陸軍技術研究所」となってからも、この研究所は「陸軍登戸研究所」と呼ばれ、正式名称で呼ばれることはなかった。

一九三九（昭和十四）年九月、登戸実験場は〈勅令第五三四号〉「陸軍科学研究所令」改正により出張所の設置が認められ、〈陸密第一五七〇号〉「陸軍科学研究所出張

所ノ名称及位置ニ関スル件達」により、正式に「陸軍科学研究所登戸出張所」として設立された。

通達の内容は次のとおりである。

陸軍科学研究所出張所ノ名称及位置並ニ其ノ業務次ノ通定ム

名称　陸軍科学研究所登戸出張所

位置　神奈川県川崎市生田

業務　一、特殊電波ノ研究ニ関スル事項

二、特殊科学材料ノ研究ニ関スル事項

〈陸密第一五七〇号〉には、登戸出張所の業務として「特殊電波ノ研究」と「特殊科学材料ノ研究」の二項目しか書かれていない。これは登戸出張所が「陸密」で設置されたことをみてもわかるように、秘密の研究所であったため、詳細な内容を表に出せなかったからである。

同時期、特に注目しなければならないのが、秘密戦要員の教育機関である「陸軍中野学校」が、極秘裏に設置されたことである。登戸研究所と中野学校は、謀略秘密兵器の研究開発とその実行機関という密接な関係にあり、実際に多くの登戸研究所所員が中野学校の教官をつとめていた。

一九三九（昭和十四）年という時期は、大本営陸軍部が本格的に中国大陸を侵略するために、南京に支那派遣軍総司令部を設置した年でもある。

このような情勢下、参謀本部は近代戦には情報・宣伝・謀略工作といった一連の秘密戦が、絶対不可欠な間接的戦闘行為であることを重要視し、実戦用器材を完成させるために、研究室を出張所に昇格させたのである。

移転当初、登戸出張所は本館が完成したとはいえ、広大な敷地には拓殖学校時代の木造の建物が点在していた程度で、実質的な職務は第三科が偽造紙幣の製造を軌道に乗せるための準備と、第一科および第二科が秘密戦資材研究室時代に着手していた研究を、逐次、完成させることに時間を費やしていたという状況であった。

3 陸軍技術本部第九研究所の設置

一九四一（昭和十六）年六月十五日の組織改編により陸軍科学研究所は廃止され、陸軍技術本部に統合された。これに伴い、陸軍技術本部と陸軍科学研究所の各部は陸軍技術本部の付属研究所となり、登戸出張所も陸軍技術本部付属の「第九研究所」となった。

「陸軍技術本部業務分掌規程」〈陸達第四一号〉によれば、各研究所の業務内容は以下のとおりである。なお、「第九研究所」だけはこの通達のなかに見られない。これは第九研究所（登戸研究所）が秘密戦のための極秘機関であったからである。

〈陸達第四一号〉「陸軍技術本部業務分掌規程」
第1条から第4条　〔省略〕
第5条　第一研究所ニ於テハ左ノ業務ヲ掌ル

1　白兵、銃、砲（第二研究所所掌ノ照準具ヲ除ク）、弾薬（第六及第八研究所所掌ノ事項ヲ除ク）、重砲組立作業器材、馬具及馬匹車両ノ調査、研究、考案、設計及試験ニ関スル事項
2　射表ノ編纂ニ関スル事項
3　所掌兵器ノ技術ニ関スル事項
4　所掌兵器用図書ノ編纂又ハ調製資料ノ作成ニ関スル事項
5　所内会計経理ニ関スル事項
第6条　第二研究所ニ於テハ左ノ業務ヲ掌ル
1　観測、情報、測量及指揮連絡用ノ兵器（他ノ研究所所掌ノモノヲ除ク）、気球、銃砲照準眼鏡及計器、算定具等ノ調査、研究、考案、設計、試験ニ関スル事項
2　所掌兵器ノ技術ニ関スル事項
3　所掌兵器用図書ノ編纂又ハ調製資料ノ作成ニ関スル事項
4　所内会計経理ニ関スル事項
第7条　第三研究所ニ於テハ左ノ業務ヲ掌ル
1　器材（他ノ研究所所掌ノモノヲ除ク）、爆破用火薬火具ノ調査、研究、考

案、設計、試験ニ関スル事項
（2、3、4は第6条と同じ）
第8条　第四研究所ニ於テハ左ノ業務ヲ掌ル
1　戦車、装甲車、牽引車及自動車ノ車両類並ニ自動車用燃料及脂油ノ調査、研究、考案、設計及試験ニ関スル事項
（2、3、4は第6条と同じ）
第9条　第五研究所ニ於テハ左ノ業務ヲ掌ル
1　通信器材、警備器材及電波ヲ主トスル兵器ノ調査、研究、考案、設計及試験ニ関スル事項
4　固定無線所ノ施設、補修等ニ関スル事項
（2、3、5は第6条の2、3、4と同じ）
第10条　第六研究所ニ於テハ左ノ業務ヲ掌ル
1　化学兵器ノ調査及研究等ニ関スル事項
2　化学戦ニ関スル医学的調査及研究ニ関スル事項
3　化学戦ニ関スル獣医畜産学的調査及研究ニ関スル事項
4　所掌兵器ノ技術及科学ニ関スル事項

（5、6は第6条の3、4と同じ）
第11条　第七研究所ニ於テハ左ノ業務ヲ掌ル
1　兵器ノ物理的基礎技術ノ調査及研究（弾道ニ関スル基礎ノ研究ヲ含ム）ニ関スル事項
2　物理的兵器ノ考案ノ為ノ基礎研究ニ関スル事項
3　兵器ニ関連スル科学的諸作用ノ生理学的ノ調査及研究（第6研究所所掌ノモノヲ除ク）ニ関スル事項
（4は第10条の4と同じ、5は第6条の4と同じ）
第12条　第八研究所ニ於テハ左ノ業務ヲ掌ル
1　兵器材料及火薬ニ関スル調査、研究、考案及試験ニ関スル事項
2　化学工芸ノ研究ニ関スル事項
3　兵器材料ノ規格ノ基礎ニ関スル研究
4　兵器及兵器材料ノ保存ノ基礎ニ関スル研究
（5は第10条の4と同じ、6は第6条の4と同じ）

4　陸軍兵器行政本部と陸軍技術研究所の設置

一九四二（昭和十七）年十月九日（施行は十月十五日）、〈勅令第六七四号〉をもって「陸軍兵器行政本部」が設置され、はじめて兵器関係諸機関の一元化が実現されることになった。兵器行政本部はそれまでの陸軍省兵器局、研究所を除く陸軍技術本部、陸軍兵器本部の三者を統合して設立された機関で、地上兵器の総元締とするとともに、陸軍省の外局としての資格が与えられた。

兵器行政本部の新設に伴い陸軍省兵器局は廃止され、同本部の総務部に統合されることになり、一九一九（大正八）年に設立された陸軍技術本部も兵器行政本部の新設に伴い廃止された。陸軍技術本部の総務部業務は兵器行政本部の技術部に統合され、陸軍技術本部の各研究所もそれぞれ独立した「陸軍技術研究所」となったのである。

登戸研究所もこのときに「第九陸軍技術研究所」として独立、兵器行政本部に隷属することになったが、登戸研究所だけは指揮命令系統が異なり、参謀本部（大本営陸軍部）第二部第八課（謀略課）の指揮下にあった。

　従来の陸軍造兵廠本部および陸軍兵器本廠を統合して設立された陸軍兵器本部は、兵器行政本部の新設に伴い、それぞれ同本部の造兵部と補給部に統合され、陸軍造兵廠に統合されていた各工廠および直属の製造所は、独立した陸軍造兵廠となった。

　今回の編成改正は大規模なもので、「陸軍兵器行政本部令」の他に、「陸軍造兵廠令」「陸軍兵器補給廠令」「陸軍技術研究所令」「陸軍航空本部令中改正ノ件」「陸軍航空技術研究所令中改正ノ件」などが制定されている。

　これらの改編は、行政事務の敏速化と能率化を図るために、強力で簡素な機構を確立して、航空関係では陸軍航空本部が、地上兵器関係では兵器行政本部が、それぞれ一元的な統活機関とされたものであった。ここにおいて陸軍の兵器関係の機関が統一されたのである。

　図1－1は、陸軍における兵器関係機関の変遷をまとめたものである。

　兵器行政本部および陸軍技術研究所は、登戸研究所と密接な関係にある機関であるので、内容を勅令により、もう少し詳しく見ていくことにする。

「陸軍兵器行政本部令」〈勅令第六七四号〉の第一条によれば、次のような十二の業務を担当することになっていた。

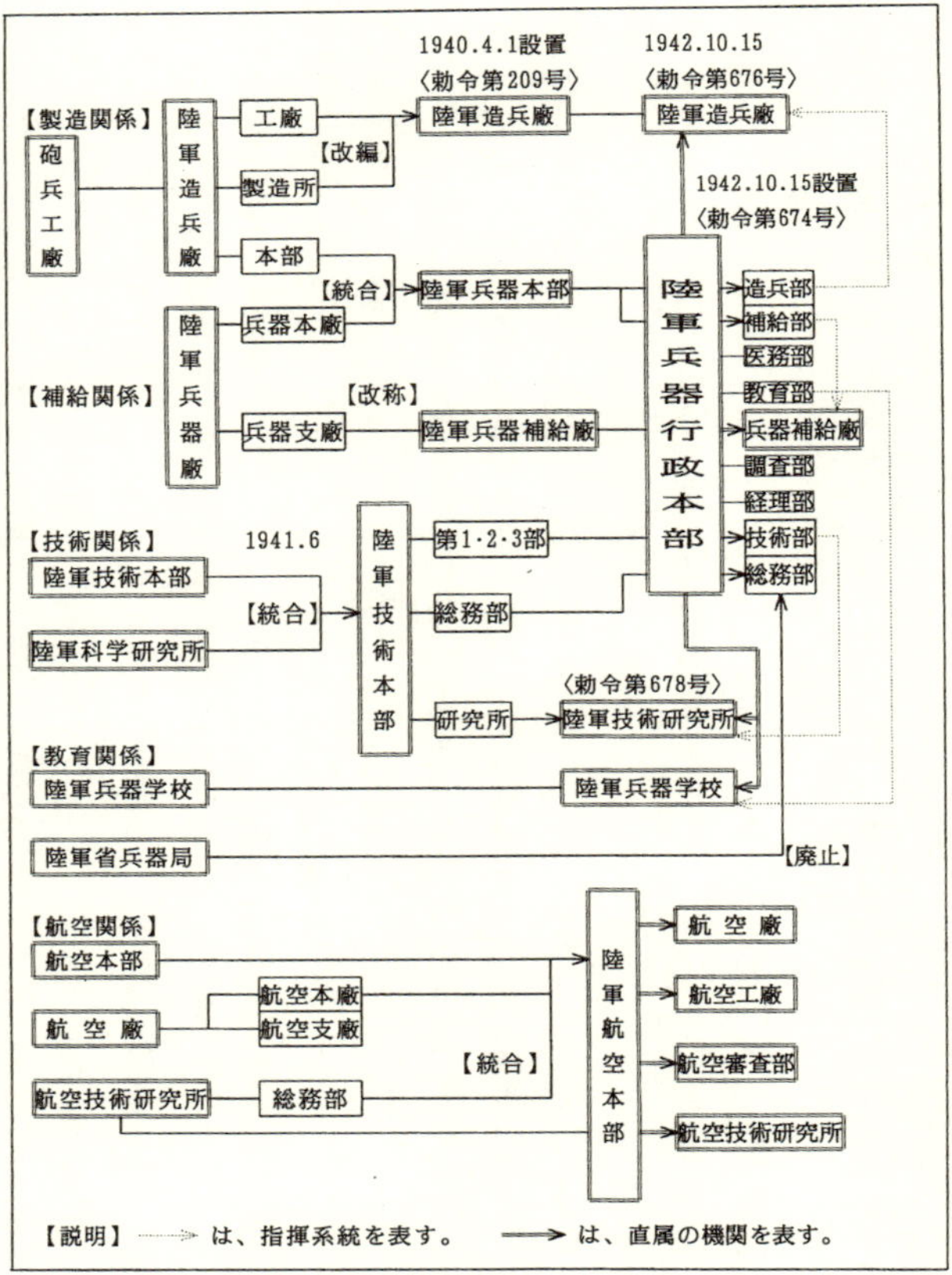

図1－1　兵器関係機関の変遷図

「陸軍兵器行政本部令」〈勅令第六七四号〉

第一条　陸軍兵器行政本部ニ於テハ左ニ掲グル事務ヲ掌ル

1　兵器（航空兵器ヲ除ク以下同ジ）、兵器材料（航空ニ関スルモノヲ除ク以下同ジ）及自動車燃料ノ制式、支給、交換、調達、整備、検査及払下並ニ之ニ関スル一切ノ経理事項（自動車燃料ノ調達ニ関スル事項ヲ除ク）

2　兵器及兵器材料ノ調査、研究及審査（陸軍機甲本部所掌ノモノヲ除ク）並ニ自動車燃料ノ審査ニ関スル事項

3　兵器及自動車燃料ノ貯蔵設備ニ関スル事項（築設及管理ヲ除ク）

4　兵器及自動車工業ノ指導、助成及監督ニ関スル事項

5　自動車ノ徴発及検査ニ関スル事項

6　要塞兵器備付工事及固定無線所（航空ニ関スルモノヲ除ク）ノ施設、補修等ニ関スル事項

7　陸軍技術（航空関係ノモノヲ除ク以下同ジ）及科学ノ調査及研究ニ関スル事項

8　兵器関係軍需動員ニ要スル電力、工作機械、原料及材料並ニ労務ニ関スル

事項

9　陸軍造兵廠ノ特別会計ニ係ル作業経営及陸軍造兵廠ノ設備ニ関スル事項

10　技術部将校以下（航空関係ノモノヲ除ク以下同ジ）ノ勤務及教育並ニ技術及兵器業務（航空関係ノモノヲ除ク以下同ジ）ニ従事スル将校以下ノ当該専門事項ノ教育ニ関スル事項

11　軍事ニ関係アル特許及実用新案ニ関スル事項

12　兵器ニ関スル戦時諸規則ニ関スル事項

さらに同令の第二条では、組織について次のように書かれている。

陸軍兵器行政本部ニ総務部、技術部、造兵部、補給部、教育部、調査部、経理部及医務部ヲ置キ各部（教育部、調査部及医務部ヲ除ク）ニ所要ノ課ヲ置ク、各部ノ義務ノ分掌ハ陸軍大臣之ヲ定ム、陸軍大臣ハ必要ニ応ジ特殊ノ研究ヲ行ハシムル為陸軍兵器行政本部ニ研究室ヲ置クコトヲ得

また、隷属関係については、同令の第七条に次のように書かれている。

本部長ハ陸軍大臣ニ隷シ陸軍兵器行政本部ノ業務ヲ総理シ陸軍技術研究所、陸軍造兵廠、陸軍兵器補給廠及陸軍兵器学校ヲ管轄シ且陸軍造兵廠ノ土地建造物ノ経営ヲ掌ル

このように、兵器行政本部は陸軍大臣に隷属し、陸軍技術研究所、陸軍造兵廠、陸軍兵器補給廠、陸軍兵器学校を管轄する立場にあった。

兵器行政本部の新設に伴って独立した陸軍技術研究所は、〈勅令第六七八号〉により陸軍技術本部の各研究所を引き継ぐかたちで設立されたものである。各技術研究所の内容は〈陸達第六八号〉「陸軍技術研究所業務分掌規程」に書かれているが、ここでも「第九陸軍技術研究所」（登戸研究所）の内容は書かれていない。

表1－1「陸軍技術研究所業務分掌規程」〈陸達第六八号〉

陸軍技術研究所名	業務内容
第一陸軍技術研究所	・白兵、銃、砲（第二陸軍技術研究所所掌の照準具を除く）、弾薬（第六・第八陸軍技術研究所所掌の事項を除く）、重砲組立作業器材、馬具・馬匹車両の調査・研究・考案・設計・試験に関する事項。 ・射表の編纂に関する事項。
第二陸軍技術研究所	・観測、情報、測量、指揮連絡用の兵器（他の陸軍技術研究所所掌のものを除く）、気球、観測機、銃砲照準眼鏡、計器、算定具等の調査・研究・考案・設計・試験に関する事項。
第三陸軍技術研究所	・器材（他の陸軍技術研究所所掌のものを除く）、爆破用火薬火具の調査・研究・考案・設計・試験に関する事項。
第四陸軍技術研究所	・戦車、装甲車、牽引車、自動車の車両類、自動車用燃料・脂油の調査・研究・考案・設計・試験に関する事項。
第五陸軍技術研究所	・通信器材、警備器材、電波を主とする兵器の調査・研究・考案・設計・試験に関する事項。 ・固定無線所の施設、補修等に関する事項。
第六陸軍技術研究所	・化学兵器の調査・研究等に関する事項。 ・化学戦に関する医学的、獣医畜産学的調査・研究に関する事項。

第七陸軍技術研究所	・兵器の物理的基礎技術の調査・研究（弾道に関する基礎の研究を含む）に関する事項。 ・物理的兵器の考案のための基礎研究に関する事項。 ・兵器に関連する科学的諸作用の生理学的の調査・研究（第六陸軍技術研究所所掌のものを除く）に関する事項。
第八陸軍技術研究所	・兵器材料、火薬に関する調査・研究・考案・試験に関する事項。 ・化学工芸、兵器材料の規格の研究に関する事項。
第九陸軍技術研究所	〈陸達第六八号〉には記載されていない。

5　特殊兵器と決戦兵器

陸軍が兵器の斬新さと質的戦力の向上をめざして「特殊兵器」の研究をはじめたのは、一九三三（昭和八）年頃である。

特殊兵器研究は陸軍科学研究所第一部長の多田礼吉少将が中心となって進めたもので、独自のアイデアによって他国で開発されていない兵器を研究開発しようとするものであった。このなかには、登戸研究所が中心となって進めた研究も多く、殺人光線、暗視装置、風船爆弾などが含まれていた。

このような特殊兵器の研究がなされた背景には、陸軍が満州事変の影響から奇襲兵器の出現を要望したという事情がある。陸軍はもともと奇襲による開戦という戦略をとっていたからである。

多くの特殊兵器の研究にも携わり、風船爆弾の責任者であった登戸研究所第一科の草場季喜少将は、「特殊兵器研究の全貌」のなかで、特殊兵器研究の特徴として次の六点をあげている。

①　研究項目を根本的に再検討し、広く部外の科学技術者の協力を求めて研究の方向、内容などを刷新した。

②　在来の兵器の改善よりも新兵器である奇襲兵器の出現を直接目的とした。従って、当時多くの研究の対象としたソ満国境を予想戦場とした作戦上の要求とマッチする研究を重視した。

③　所内の研究は試作試験などを第一義とし、遠い将来に期待する研究は部外の科学技術者に依存した。

④　将来新しい分野の開拓を期待する着想のよい研究は、実現の可能性に十分な確信がなくとも研究問題として採用した。

⑤　高度の秘密主義をとった。このため陸軍省、参謀本部においても極めて少数の人以外はまったく秘密主義で、研究所内部でも関係者以外は極秘にした。

⑥　研究の刷新を期するため多くの人材と多額の経費とを重点的に集中した。

重点的に行われた特殊兵器の研究には、次のようなものがあった。

①　ソ満国境地帯における、敵陣地攻撃のための兵器の研究。
②　夜間の戦闘を容易にする兵器の研究。
③　防空上必要な兵器の研究。
④　武力戦以外の宣伝・防諜・諜報・謀略など秘密戦資材の研究。
⑤　電子工学を応用した兵器の研究。

一九四二（昭和十七）年八月、陸海軍の協議による「決戦兵器考案ニ関スル作戦上ノ要望」が作成された。その内容は世界戦争の完遂のために決戦兵器を開発して、最後の勝利を獲得することをめざしたものである。
「決戦兵器考案ニ関スル作戦上ノ要望」の緒言には次のように記されている。

決戦兵器考案ニ関スル作戦上ノ要望

昭和十七年八月十五日　参謀第一部

世界戦争完遂ノ為決戦兵器ノ考案ヲ要望ス
決戦兵器トハ決勝ヲ求ムル兵器ノ意ニシテ敵ノ各種攻撃法ヲ制シ、或ハ敵ヲ奇襲
急襲シテ常ニ敵ノ技術的手段ヲ凌駕シ、適切ナル運用ト相俟テ戦闘ニ於テ最後ノ勝

利ヲ獲得セントスルモノナリ
従テ差当リ航空機、戦車、火砲等現用兵器ニ於テ敵ニ一歩ヲ先ンスル如キ大威力ノモノヲ考案スルコトモ極メテ緊要ニシテ之ニ対シ大ナル努力ヲ払フヘキハ固ヨリナルモ、敵ノ未タ企図セサル奇襲刷新兵器ヲ創案シ、現有兵器ヲ無価値タラシメ以テ一挙ニ勝ヲ求ムル方策ニ関シテモ亦深ク研究ヲ要望スル次第ナリ

このなかには登戸研究所第一科が担当する「風船爆弾」も含まれていた。要望のあった決戦兵器の主な種類は次のとおりである。

一、一両年以内に実現を要望するもの。
①　警戒装置
②　特殊快速艇
③　飛行戦車、潜水戦車、水陸両用戦車
④　艦船の沈没を防ぐゴム覆
⑤　物資輸送用海戦筏
⑥　電波・光線砲

⑦　特殊ガス・帯電雲、帯電気球
⑧　超短波無電・電話、超遠距離マイク
二、数年以内に実現を希望するもの（対米屈伏、英本国・欧「ソ」等奇襲の為遠距離空襲若くは上陸用）。
①　超遠距離飛行機、特殊ロケット、無甲板空母
②　特殊気球
③　パナマ運河閉塞手段
④　耕作地を焦土化する薬品
⑤　神経系統を麻痺させる薬品・ガス、視覚を刺激する特殊光線・電波
三、やや遠き将来に於て実現を希望するもの。
①　敵性民族殲滅兵器
②　視覚・聴覚・生殖器・臭覚を不能ならしめる薬品、電波、光線、細菌、ガス体
四、その他（努めて早く実現希望）。
①　木製またはゴム製ドラム缶
②　ゴム製道路・小型気球、ゴム油、固形ガソリン

③　コンクリートを溶かす薬品、炸薬を変質または変廃させる電波・薬品、鉄を腐蝕させる霧状ガス
④　液体空気爆薬
⑤　霧・烟を透視する眼鏡、水中眼鏡、夜間眼鏡

これらのなかには、到底実現できそうにない荒唐無稽な研究も含まれている。このことから、陸海軍の協議といっても思い付きの部分がかなりあり、科学技術を動員して組織的に決戦兵器を開発するという姿勢はみられない。

しかし、「決戦兵器考案ニ関スル作戦上ノ要望」の結言には、「単ニ陸軍関係ノミナラス海軍並民間技術界ヲ大同的ニ結合シ且之ニ為シ得ル限リノ予算ト物並施設ヲ与へ今日ノ世界戦争ニ応シ得シムルヲ要ス」とあり、陸海軍と民間技術を大同的に結合して、決戦兵器の開発にあたることが述べられている。

「決戦兵器考案ニ関スル作戦上ノ要望」のなかには電波兵器関係のものが多い。これは連合国軍側のレーダーなどに対抗するためであった。日本軍は連合国軍側の電波兵器により、海戦はもとより航空戦においても劣勢にたたされ、対抗上電波兵器の開発が緊急課題となっていたためである。

6 多摩陸軍技術研究所の設立

一九四三（昭和一八）年八月十二日、〈陸密第二九一八号〉により陸海軍協力のもとに「陸海軍電波技術委員会」が設置され、まがりなりにも陸海軍統一歩調のもとに、電波兵器開発が進められることになった。

この委員会に先だち、同年六月十五日には〈勅令第四九六号〉により電波兵器専門の「多摩陸軍技術研究所」が設立されている。「多摩陸軍技術研究所令」第一条によれば、「多摩陸軍技術研究所ハ陸軍ニ於ケル電波関係ノ兵器及兵器材料ニシテ陸軍大臣ノ指定スルモノニ関スル調査、研究、考案、設計及試験ヲ行フ所トス」と定められている。

多摩陸軍技術研究所は、兵器行政本部本部隷下の第二陸軍技術研究所・第五陸軍技術研究所・第七陸軍技術研究所と陸軍航空本部隷下の第四陸軍航空技術研究所の電波兵器研究部門を整理・統合して設立された研究所で、陸軍大臣直属の機関であったが、分散疎開した一九四五（昭和二十）年五月には、陸軍航空本部の直属に変更されている。

統合される以前の各研究所における電波兵器の研究は、第二陸軍技術研究所では地上用電波標定機、第五陸軍技術研究所では地上用および船舶用の電波警戒機、第七陸軍技術研究所では弾道の測定および無線操縦、第四陸軍航空技術研究所では電波高度計および機上用の電波警戒機・電波標定機などが研究されていた。

その他の電波兵器に関する研究では、第八陸軍技術研究所が極超短波用絶縁材料に関する研究、第九陸軍技術研究所（登戸研究所）が殺人光線などの超短波集勢に関する研究を行っていた。

なお、組織としては統合されていないが、登戸研究所第一科の物理担当所員と研究の一部が多摩陸軍技術研究所に移管された事実が関係者の証言から確認された。多摩陸軍技術研究所の庶務課長である畑尾正央大佐は登戸研究所の元第二科長であった人物で、北安曇郡に疎開した登戸研究所第一科の電波兵器の研究（電波誘導ロケットなど）の一部は、第一科から多摩陸軍技術研究所に移管され、同研究所でも継続して研究されていたものである。

一九四五（昭和二十）年三月、多摩陸軍技術研究所の一部が長野県の諏訪地区に疎開している。諏訪地区に疎開したのは、電波兵器の部品材料（主力は真空管）の研究部門である第四科で、疎開先は現在の諏訪清陵高校である。また同時に日本無線・東芝などの民間協力工場も諏訪地区に疎開している。

表１－２は多摩陸軍技術研究所の敗戦時の組織編成と所員数、図１－２は陸軍技術研究所の変遷をまとめたものである。

表1－2　多摩陸軍技術研究所の敗戦時の組織編成と所員数

	高等官（人）	判任官以下（人）	合計（人）
所長　多田与一中将	一		
庶務課長　畑尾正央大佐	二四	二七七	三〇一
経理課長　前岡市五郎主計大佐	一七	九六	一一三
研究部長　多田与一中将（兼任）			
企画科長　畑尾正央大佐（兼任）	八	四九	五七
第一科【青梅出張所】　東京都青梅 ［機上用警戒機・標定機等の研究］ 科長　落合徳臣技術中佐	七〇	二一七	二八七
第二科【藤岡出張所】　群馬県藤岡 ［機上用探索・妨害機等の研究］ 科長　甲木季実技術少佐	三九	一二〇	一五九
第三科【久我山出張所】東京都久我山 ［地上用電波兵器の研究］ 科長　佐竹金次大佐	六一	六三	一二四
第四科【上諏訪出張所】長野県上諏訪 ［電波兵器用部品材料の研究］ 科長　佐竹金次大佐（兼任）	三六	四二	七八
関西出張所　兵庫県宝塚 ［基礎的研究］ 所長　稲葉栄技術大佐	二四	一一〇	一三四
飛行班長　萩原正夫少佐	六	六九	七五
【合計】	二八六	一〇四三	一三二九

【協力機関】
東大［駒場研究室・本郷及び千葉分室］、東芝［川崎研究室・柳町分室］、放送協会［大蔵研究室］、逓信省［丸ノ内分室・五反田研究室］、川西機械、東北大［仙台研究室］、日本無線［三鷹研究室・上諏訪分室］、三菱電機、早大［早稲田研究室］、電波物理研究所、北大、東工大［大岡山研究室］、国際電気通信［神代研究室］、阪大、住友通信［生田研究室］

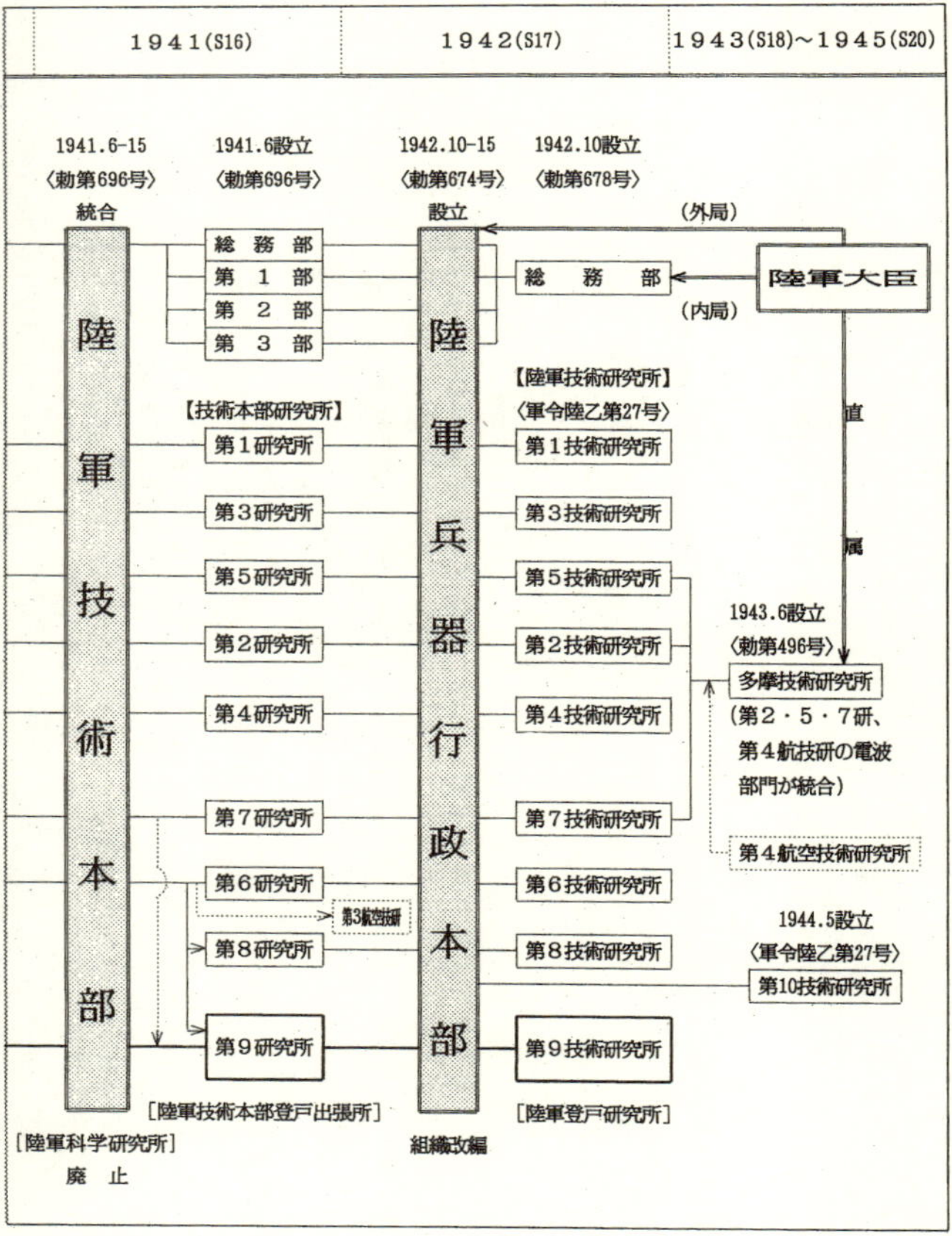

1941(S16)
1942(S17)
1943(S18)～1945(S20)
1941.6-15
〈勅第696号〉
統合
1941.6設立
〈勅第696号〉
1942.10-15
〈勅第674号〉
設立
1942.10設立
〈勅第678号〉
(外局)
(内局)
陸軍大臣
直属
陸軍技術本部
総務部
第1部
第2部
第3部
【技術本部研究所】
第1研究所
第3研究所
第5研究所
第2研究所
第4研究所
第7研究所
第6研究所
第3航空技研
第8研究所
第9研究所
［陸軍技術本部登戸出張所］
［陸軍科学研究所］
廃止
陸軍兵器行政本部
組織改編
総務部
【陸軍技術研究所】
〈軍令陸乙第27号〉
第1技術研究所
第3技術研究所
第5技術研究所
第2技術研究所
第4技術研究所
第7技術研究所
第6技術研究所
第8技術研究所
第9技術研究所
［陸軍登戸研究所］
1943.6設立
〈勅第496号〉
多摩技術研究所
(第2・5・7研、
第4航技研の電波
部門が統合)
第4航空技術研究所
1944.5設立
〈軍令陸乙第27号〉
第10技術研究所

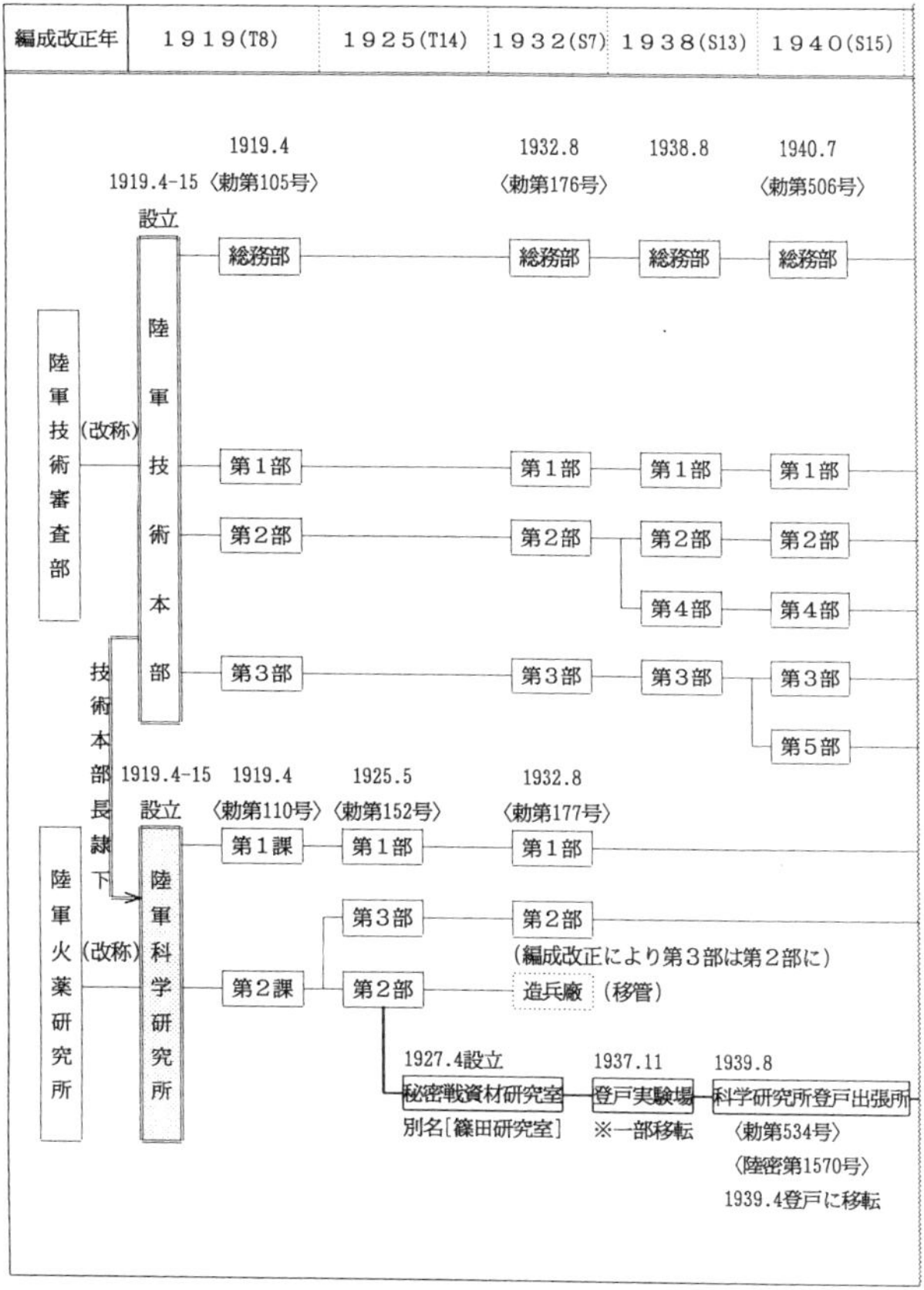

図1－2　陸軍技術研究所の変遷

第二章　陸軍登戸研究所の組織と研究内容

1　陸軍登戸研究所の組織と建物配置図

登戸研究所の前身である秘密戦資材研究室が、東京新宿の戸山ヶ原の陸軍科学研究所第二部の一室に誕生したのは、一九二七（昭和二）年四月であることは第一章で述べたとおりであるが、そのときの所員は室長の篠田鐐大尉、伴繁雄研究員のほか数名にすぎなかった。

室長の篠田鐐は一八九四（明治二十七）年愛知県に生まれ、東京府立第四中学校から陸軍士官学校へと進み、同校卒業後、陸軍の委託学生として東京帝大工学部、同大学院で学び、その後ロンドン大学へも留学している。

伴繁雄は一九〇六（明治三十九）年、篠田と同じ愛知県に生まれ、一九二七（昭和二）年、浜松高等工業学校（現静岡大学工学部）応用化学科を卒業すると同時に、秘密戦資材研究室の研究員となった。

研究開発の拡充のため、秘密戦資材研究室は一九三九（昭和十四）年、神奈川県川崎市登戸に移転し「陸軍科学研究所登戸出張所」となり、一九四二（昭和十七）年には、陸軍兵器行政本部の一元化に伴い第一から第九までの「陸軍技術研究所」が設立された。翌年には第二・第五・第七の陸軍技術研究所の電波部門を統合した「多摩陸軍技術研究所」が設立され、一九四四（昭和十九）年には「第十陸軍技術研究所」も設立されている。

このような組織改編により、登戸研究所の組織も次第に拡大された。疎開の直前には主な研究施設だけでも一〇〇棟以上にのぼり、所員数も八〇〇名以上に増員されている。

その当時の組織は図２－１、各科の主要高等官は表２－１のとおりである。

敗戦の半年前には組織の一部を登戸に残し、その他は科別に長野県上伊那地方、同北安曇地方、兵庫県氷上地方、福井県武生地方に疎開した。そのため敗戦時における所員の正確な数は不明なところもあるが、伴が提供してくれた資料によれば、登戸研究所の所員数は八六〇名となっている。なお、兵器行政本部作成の一九四五（昭和二十）年八月三十一日付の資料では、高等官一三一名、判任官一一二名、雇員および工員六一八名、所員数八六一名となっており、伴の資料より一名多い。

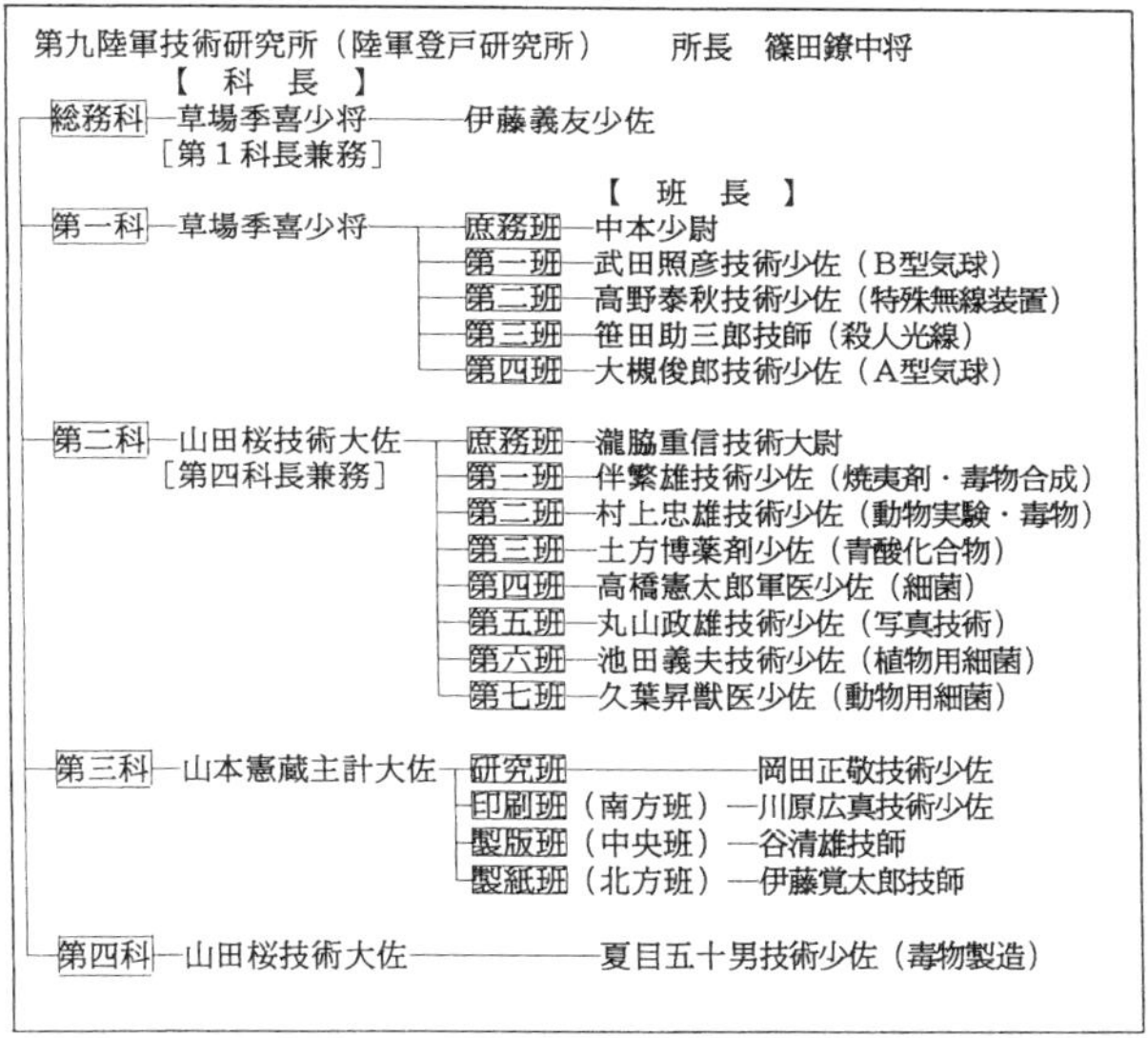

図2－1　陸軍登戸研究所の組織

表2－1　主要高等官

	所員				
所長		陸軍中将	篠田　鐐		
総務科	◎	陸軍少将	草場季喜（兼務）		
		陸軍少佐	伊藤義友		
第1科	◎	陸軍少将	草場季喜	技術大尉	折井弘東
		技術少佐	高野泰秋	技術大尉	湯原仁夫
		技術少佐	大槻俊郎		
		技術少佐	武田照彦		
		技術少佐	清水注連吉		
		技術少佐	西田和男		
第2科	◎	技術大佐	山田　桜	技術大尉	瀧脇重信
		技術少佐	伴　繁雄	技術大尉	長谷倫夫
		技術少佐	村上忠雄	技術大尉	岩本帰一郎
		技術少佐	丸山政雄	技術大尉	有川俊一
		薬剤少佐	土方　博	技術大尉	小島達治
		技術少佐	中内政夫	技術大尉	細川陽一郎
		技術少佐	池田義夫		
		薬剤少佐	瀧塚旬郎		
		軍医少佐	高橋憲太郎		
第3科	◎	主計大佐	山本憲蔵	陸軍技師	伊藤覚太郎
		技術少佐	川原広真	陸軍技師	谷　清雄
		技術少佐	岡田正敬		
第4科	◎	技術大佐	山田　桜（兼務）	技術大尉	大月陸雄
		技術少佐	夏目五十男	技術大尉	杉山圭一
				陸軍技師	北沢隆次

表2－2　1945（昭和20）年当時の陸軍登戸研究所の人員

	高等官・技術将校	判任官・下士官	雇員・工員
武官	中将　１名　少将　１名 大佐　３名　少佐　２２名 大尉　３２名　中尉　３６名 少尉　４０名	准尉　９名 曹長　１７名 軍曹　２０名 伍長　８名	
	計１３５名 （計１２４名）	計　５４名 （　－　）	
文官	技師　６名	技手　５５名	
	計　６名 （計　７名）	計　５５名 ＊（計１１２名）	計６１０名 （計６１８名）
	合計１４１名 （合計１３１名）	合計１０９名 （合計１１２名）	合計６１０名 （合計６１８名）
			総合計８６０名 （総合計８６１名）

＊　１１２名は、武官・文官を含めた人員。
（カッコ内は陸軍兵器行政本部作成資料による人員）

これらの資料をもとにまとめたのが表２－２で、（　）内の数字は兵器行政本部作成の資料による所員数である。

このうち高等官・判任官という名称は、官吏制度における名称である。高等官は「法令ニ遵由シ之ヲ施行スル者」で、すべて天皇が任免を決定する官吏である。高等官は任命の形式によって勅任官と奏任官に分けられる。これに対し、判任官は「上官ノ指揮ヲ承ケ庶務ニ従事スル者」で、天皇が官庁その任命を委任する官吏である。

次頁の写真２－１は、米極東空軍が一九四七（昭和二十二）年九月二十四日に登戸研究所の跡地を撮影したもので、図２－２はこの航空写真をもとに、筆者が建物の配置を平面図にした

写真2－1　米極東空軍撮影の登戸研究所の跡地（1947年9月24日撮影）

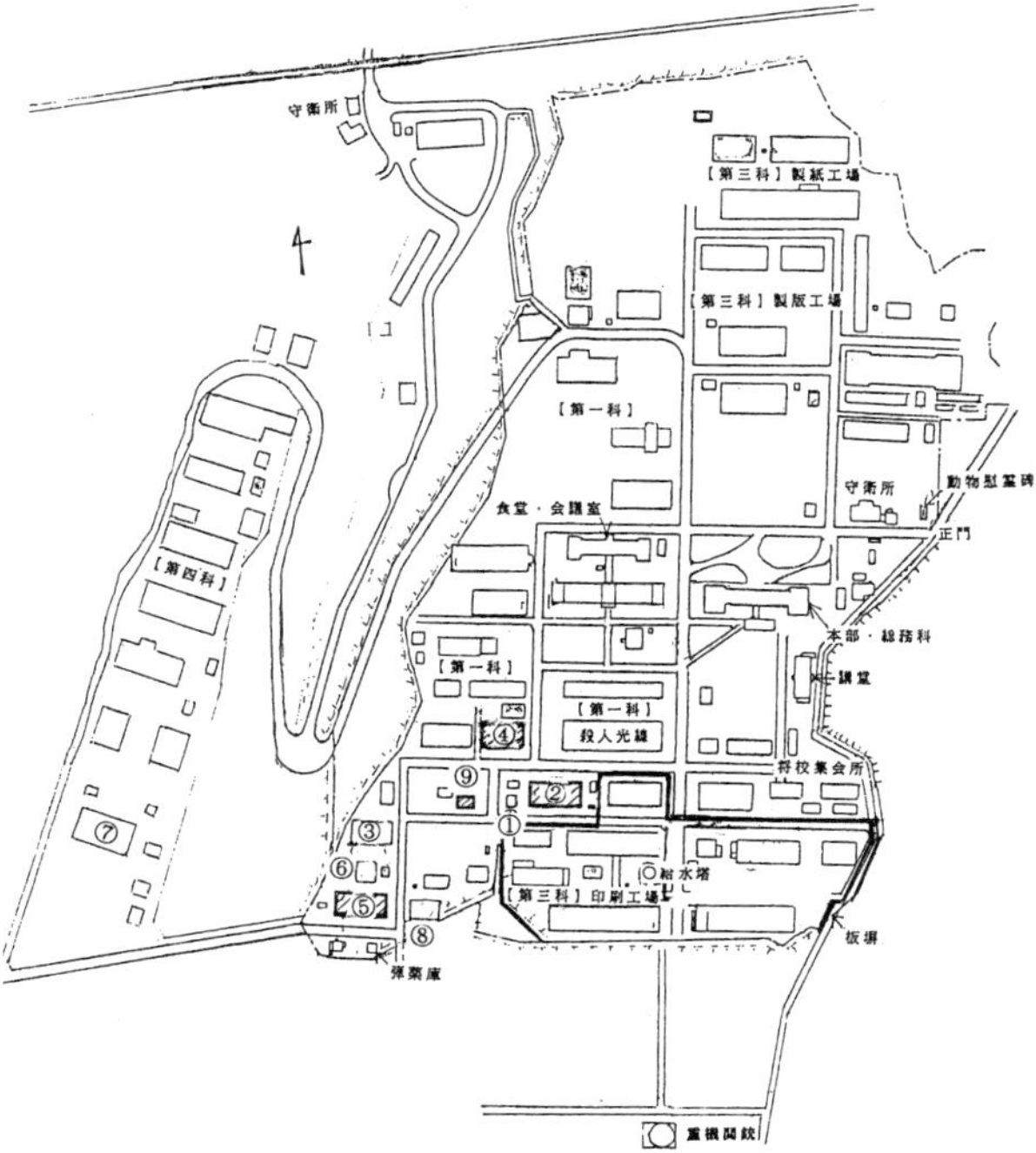

▨ コンクリートの建物

図2－2　陸軍登戸研究所平面図（作図：木下健蔵）

ものである。

登戸研究所の建物はほとんどが木造造りであるが、平面図でもわかるとおり、第二科の四棟の建物のみコンクリート造りとなっている。これらの建物を使用しているのは、第一班（班長伴繁雄少佐）、第三班（班長土方博少佐）、第四班（班長高橋憲太郎少佐）と低温実験室である。

第一班と第三班は毒物合成や毒ガスの研究、第四班は細菌兵器を研究していた班であり、低温実験室は毒ガスや細菌兵器の保存のために使用された部屋である。

このことから、コンクリート造りの建物は、毒ガスや細菌が外に漏れない気密性の高い建物を必要としたため建設されたものであることがわかる。

当時の資料に、第二科がどの建物を使用していたかを記載した文書がある。文書には研究室の番号も記載されているので、どの班がどの研究室を使用していたか、ある程度特定できるものと思われる。

庶務班は食堂と第一二三研、第一班は第一二一・一二八・一二九研とドラフトモーター室、第二班は第三二研、第三班は第一二研、第四班は第三〇研、第五班は第一〇・第三一・第一〇一・第一〇七・第一〇八研、第六班は第一〇九研、第七班が第三三・第三四研となっている。

番号は建設順に付けられたと思われるので、番号が続いている研究室はある程度、位置の推定ができる。配置図の①から⑨の番号は、筆者がすでに判明している研究室から推定し付けたものである。

①は第二三研で、庶務班の建物である。

②は第二二研で、第二科の科長である山田桜大佐の部屋と第一班の伴繁雄少佐らの研究室で、コンクリート建てである。この建物は現在「登戸研究所資料館」となっている。

③は第三二研で、第二班の村上忠雄少佐らの研究室である。この班も毒ガスの実験を行っているが建物は木造である。それはこの班が動物実験や携帯口糧の研究が主であったからである。

④は第二一研で、第三班の土方博少佐らが毒ガスや青酸化合物の実験に使用した建物で、コンクリート建てである。

⑤は第三〇研で、第四班の高橋憲太郎少佐らの研究室である。この班の研究の中心が細菌兵器のため、建物はコンクリート建てとなっている。

⑥は第三一研で、第五班の丸山政雄少佐らの研究室である。この研究室の横（西側）にある建物は光学室と思われる。さらにこの班は第三一研以外にも第一〇研・第一〇一研・第一〇七研・第一〇八研の四つの研究室を持っているが、建物の位置は不明である。

⑦は第二〇九研で、第六班の池田義夫少佐らの研究室である。この研究室のみ番号が二百番代である。これは研究内容が植物用の細菌兵器であるため広い土地が必要となり、第四科の敷地へ移転したため新しい番号になったものと思われる。

⑧は第三三研か第三四研か特定できないが、第七班の久葉昇少佐らの研究室である。この研究室は動物用の細菌兵器の研究が中心で、第二班と同じような研究内容であるし研究室の番号も第二班に続くので、一応、第二班の建物に近い場所を推定し、右(東側)の建物とした。

⑨は毒ガスや細菌を保存しておくための低温実験室で、建物はコンクリート建てである。この建物は数年前まで現存していた。部屋の中には、GE(ゼネラルエレクトリック)社製の冷蔵庫が置かれていた。

敗戦直後、これらの施設は民間に払い下げられた。第三科の製紙工場があった場所が巴川製紙。広場の場所が北里研究所。第一科の場所が慶応大学である。

巴川製紙は第三科の偽造紙幣の製造にも関わっていた会社であり、戦後、登戸研究所の篠田所長が社長をつとめている。その後、慶応大学が日吉に移転したため、跡地を明治大学が購入し、現在に至っている。

写真2－2　陸軍登戸研究所本部建物

写真2－3　第2科建物（第22研）（現：登戸研究所資料館）

2　陸軍登戸研究所の研究内容

登戸研究所は総務科・第一科・第二科・第三科で発足、その後、製造部門の第四科が設置されたが、実際の研究開発に携わっていたのは、第一科の「電波兵器・風船爆弾」、第二科の「毒薬・細菌・特殊爆弾」、第三科の「偽造紙幣」などである。

伴繁雄によれば、登戸研究所では秘密戦器材を「諜報器材」「防諜器材」「謀略器材」「宣伝器材」「その他の器材」に大別し、次のように定義されていた。

「諜報器材」とは非合法的な手段による情報の収集を目的として使用された、無線の傍受、有線電信電話の盗聴録音、各種の科学的秘密通信法、暗号の解読、信書の開封および還元、文書諜報などのための器材。

「防諜器材」とは敵国または第三国による諜報・謀略を阻止するために、憲兵や防諜機関が使用した現場検証器材、各種鑑識器材。

「謀略器材」とは敵国または第三国に対する政治的・軍事的・破壊的工作のために使

用する爆破、殺傷、放火、毒物、細菌、偽騙などの器材。

「宣伝器材」とは敵側の戦意を喪失させ、住民または第三国の支持を獲得する心理作戦のために使用する器材。

表２－３は、登戸研究所の研究内容の概要である。また、器材名の後の「　」は登戸研究所で使用されていた器材の秘匿名である。

表2－3　陸軍登戸研究所の研究内容　注：「　」は器材の秘匿名。

1．諜報器材
①小型高性能諜者（スパイ）用無線機
②無線傍受用受信機
③有線電信電話の盗聴用増幅器および盗聴用録音機
④科学的秘密通信法
・秘密インキ（普通型・紫外線型・赤外線型・X線型）
・写真化学・利用型秘密インキ（写真化学利用法・マイクロドット型）
⑤秘密カメラ（ライター型・マッチ型・ボタン型・カバン型）
⑥特殊写真機（望遠撮影用・夜間撮影用・水中撮影用）
⑦複写装置（一般用・携帯用）
⑧書簡開封および還元用器材
⑨特殊秘密通信用紙（水可溶性用・証拠隠滅用・耐水用）
2．防諜器材
①現場検証器材（現場指紋採取用具・見取図製作用具・痕跡採取用具）
②写真器材（現場写真用具・複写用具・暗室用具・引伸器材・感光材料）
③郵便検閲器材
④捜査・盗聴用器材（偽装潜望鏡・盗聴用増幅器・盗聴用録音機）
⑤理化学鑑識器材（爆破資材用鑑識器材・犯罪用鑑識器材）
⑥法医鑑識器材（毒物検知器材・血液鑑識薬品・毒物鑑識器材・薬品）
⑦無線探査器材（探査用電波受信機・傍受機・方向探知機）
3．謀略器材
①爆破謀略器材
・偽騙器材（缶詰型・レンガ型・石炭型・トランク型）
・時限点火器材（時計式時限信管・化学時限信管・温度信管）
②殺傷謀略器材（万年筆型・ステッキ型・消音ピストル）
③放火謀略器材
・焼夷剤（成型レンガ型・石鹸型・雨傘型・火炎ビン）
・時限点火器材（時計式時限信管・化学時限信管・電気利用・可燃物）
・風船爆弾「ふ号」
④毒物謀略器材（植物毒・毒蛇・青酸化合物・毒ガス・細菌）
⑤経済謀略器材（偽造紙幣・偽造パスポート・偽造書類）
4．宣伝器材
①宣伝用自動車「せ号」
②せ弾投射機
③宣伝用噴進弾
④宣伝用アドバルーン
5．その他の器材
①憲兵用器材
・変装用器材
・隠密聴見器材（ステッキ型・鍵穴覗き用具・尾行者用バックミラー）
・逮捕および自衛用器材（抵抗阻止用電撃器・防弾チョッキ・手錠）
・尋問および防盗器材（うそ発見器・特殊警報装置・各種防盗装置）
・警察犬追跡防避用特殊薬品「え号」
②電波・無線器材
・殺人光線（怪力線）「く号」
・無線操縦の器材「む号」

3　第一科の研究内容

第一科の研究で代表的なものは風船爆弾と電波兵器の研究であるが、風船爆弾については第三章で改めて述べるので、ここではその他の第一科の研究について述べることにする。

第一科は電気、光学、音響、機械の研究など主に物理関係の分野である。そこではどのような研究がされていたのであろうか。第一科長だった草場季喜少将が、戦後、GHQに対して研究開発の過程を報告した文書がある。

この文書は「超短波に関する基礎的研究」「気球爆弾に関する研究」など七項目について報告され、各年の研究の進捗状況が記されている。なお、「米」はメートル、「粍」はセンチメートルのことである。

Ⅰ　超短波に関する基礎的研究

1　超短波発振に関する研究

一九四〇（昭和十五）年　三米波　二〇キロワット
　　　　　　　　　　　　二〇糎波　三〇ワット
四一（昭和十六）年　二米波　一〇キロワット
　　　　　　　　　　二〇糎波　五〇ワット（編成改正により七研に移管）
四四（昭和十九）年　八〇糎波　三〇キロワット
　　　　　　　　　　二〇糎波　一キロワット
四五（昭和二十）年　八〇糎波　三〇〇キロワット
　　　　　　　　　　並列にて一〇〇〇キロワットを企画

2　超短波集勢の研究

一九四四（昭和十九）年　楕円体反射鏡及び旋転放物線反射鏡につき詳細にその電界分布の状況を試験。

四五（昭和二十）年　一〇米反射鏡を設計し北安分室に施行中終戦、別に導波管及び電磁ラッパに関する基礎的研究を開始。

3　真空管制作に関する研究

一九四〇（昭和十五）年　マグネトロン及び三極管の制作法に関する基礎研究。

四一（昭和十六）年　編成改正により七研に移管。

四三（昭和十八）年　超短波効果研究の進捗に伴い大電力管の必要を認め、真空管の設計に着手。

四四（昭和十九）年　八〇糎三〇キロワット及び四〇糎一〇キロワット「マグネトロン」を完成。

四五（昭和二十）年　八〇糎三〇〇キロワット及び二〇糎一〇〇キロワットを目途とする真空管を設計制作中終戦。

4　真空管材料及び超短波用絶縁物の研究
一九四〇（昭和十五）年　主としてタンデルタの優秀なる磁器の研究に着手。

四一（昭和十六）年　編成改正により八研に移管。

5　ドプラー効果を利用するロケーターの基礎的研究
一九四〇（昭和十五）年　主として基礎部門の研究を担当。

四一（昭和十六）年　編成改正により七研に移管。

6　生物に関する効果の研究
一九四〇（昭和十五）年　主として蓄電器電場内において生物に対する殺傷効果の

研究。

四一（昭和十六）年　主として楕円体の一焦点に定中線を置き、他の焦点に生物（鼠、二十日鼠、兎）を置き、これに対する殺傷効果の研究。

四二（昭和十七）年　殺傷効果の原因を生理学的及び病理学的に探究。

四三（昭和十八）年　各種波長により殺傷効果を探究し、一米〜六〇糎級においては肺出血を死因とし、六〇糎以下においては脳の異常を原因とすることを認む。

四四（昭和十九）年　主としてやや大なる電力を以て幅射電場における効果（距離一〇米乃至三〇米）につき研究。

四五（昭和二十）年　大電力電場にて研究して軍事用途を見出さんとし計画中終戦となる。

7　発動機機関に対する効果の研究

一九四二（昭和十七）年　自動車用機関の運転停止に関し研究に着手。

四三（昭和十八）年　遮蔽十分ならざる機関は容易に同調電波により運転を停止することを確む。

四四（昭和十九）年　飛行機機関につき研究、遮蔽良好にして効果少なし。スリットよりの電波の出入りにつき研究。

四五（昭和二十）年　スリットよりの電波の出入りにつき研究を継続。

8　化学的効果に関する研究

一九四〇（昭和十五）年　超短波火花をカタライザーとして硝酸合成につき研究。三〇パーセントの増収を認めたるも実用効果少なきにつき中止。

四一（昭和十六）年　同じく潤滑油の粘度増加に関し研究、大なる成果を収めるに至らず。

四二（昭和十七）年　アセチレンの合成に際し、プロビニールとディプニールアセチレンの生成比率につき研究。

四三（昭和十八）年　右研究を継続す。プロビニールアセチレンの生成比率が低周波におけるよりも相当優秀なるを確む。

四五（昭和二十）年　化学効果の研究の大電力にての再興せんとするも終戦となる。

Ⅱ　気球爆弾に関する研究

1　宣伝用伝単散布に使用する気球の研究

一九四〇（昭和十五）年　直径一・五米～一・八米につき研究し、これを概気球消却法、水素充塡用具、夜間標定用具、付属資材の研究を概成。紙製気球の生産を研究。

四二（昭和十七）年　同右の生産を継続。

四三（昭和十八）年　同右。

2　防空用として四～六米気球の研究

一九四一（昭和十六）年　防空用として四～六米気球に関し研究。

四二（昭和十七）年　同右研究を継続し、これが生産を研究。

3　距離三〇〇〇キロ米を目途とする気球爆弾の研究

一九四二（昭和十七）年　東京空襲後、研究開発を命ぜられ六米気球を以て研究に着手。

四三（昭和十八）年　二月、西日本より試験し一〇〇〇キロ米の到達を確認。八月、三〇時間の滞空記録を得たり。海軍の潜水艦不足により中止。

4　距離一〇〇〇〇キロ米を目途とする気球爆弾A型の研究

一九四三（昭和十八）年　九月、研究を命ぜられ一〇米気球高度一〇〇〇〇米を以て研究。

四四（昭和十九）年　二〜三月、約二〇〇球を以て試験。四月より改良研究及び生産研究をなす。十一月より実用せらる。

四五（昭和二十）年　四月まで実用せられその間改良研究を実施。来年度使用の目途なきを指示せられ研究を中止。

5　距離一〇〇〇〇キロ米を目途とする気球爆弾B型の研究

一九四三（昭和十八）年　原理に関し基礎的研究を開始。

四四（昭和十九）年　年初より試作を開始。八月、試験の結果優良なるを認む。

四五（昭和二十）年　三月以降、実用の目途を以て生産せるも三月空襲により全面的に消失せるにより中止。

6　紙製気球多量生産のため製紙及び貼合機械化の研究

一九四一（昭和十六）年　製紙装置を設備し基礎研究に着手。

四二（昭和十七）年　貼合装置を設備し製紙及び貼合方法の研究。

四三（昭和十八）年　同右継続せるも紙質尚十分なるを得ず。

四四（昭和十九）年　同右継続し優良なる紙質を得るに至れり。

四五（昭和二十）年　更に気球皮につき研究せるも成功するに至らず。気球爆弾中止と共に研究を中止。

7　水素発生に関する研究

一九四〇（昭和十五）年　宣伝用気球のため珪素鉄と苛性曹達とを利用する軽便なる発生車を研究完成。

四一（昭和十六）年　アンモニヤ液体の分解による水素発生装置を研究。

四二（昭和十七）年　概成したるも水素発生車を製作するに至らず中止。

四三（昭和十八）年　水素化カルシウムの製法につき研究。

四四（昭和十九）年　潜水艦利用中止せられしにより研究を中止。気球水素の空中補給を目途として液体水素及び容器につき研究。

四五（昭和二十）年　研究を中止。

8　放球施設、観測施設の研究

一九四三（昭和十八）年　放球方法及び観測方法について研究に着手。

四四（昭和十九）年　同右の研究を続行しかつ気球の上空における運動に関し種々観測を実施。

四五（昭和二十）年　研究を中止。

9　太平洋気象調査の研究

一九四三（昭和十八）年　太平洋上気象の概要を把握せんとして調査に着手。

四四（昭和十九）年　太平洋上冬期の高層気象、水面上の気象資料を元として概算整理。

Ⅲ　無線通信に関する研究

1　小型無線通信機の研究

一九四〇（昭和十五）年　将来の機甲戦を予想し小型にして通信距離大なるものの研究を開始。

四一（昭和十六）年　距離五〇〇キロ米以内の小型送受信機を完成。

四二（昭和十七）年　距離一五〇〇キロ米内外の小型無線機を完成。

四三（昭和十八）年　右小型無線機の簡易化を完了。発電機を完成。

四四（昭和十九）年　右無線機及び発電機の生産を開始。制式無線機材の隘路打開のため簡易なる送受信機の研究を開始。

四五（昭和二十）年　同右の生産継続。右無線機を完成し生産に移行せんとして終戦に至る。

2　方向探知機の研究

一九四一（昭和十六）年　憲兵器材の一部として不法発振探知研究を開始。近接用小型探知機を概成。

四二（昭和十七）年　近接用小型探知機を完成。距離一〇キロ米以内の携帯型探知機を概成。

四三（昭和十八）年　携帯型探知機を改良し、距離四〇キロ米の探知を可能ならしむ。

四四（昭和十九）年　右記雨型式の生産を開始。ブラウン管を利用して傍受電波の波形を鑑別し、併せて上波を含む散乱波域の探知を可能ならしむ。

四五（昭和二十）年　同右の生産を継続。

3　雑音抑圧の研究

一九四一（昭和十六）年　通信距離増大を目途とし受信機雑音抑圧の研究を開始。

四二（昭和十七）年　一部雑音の抑圧に成功。

4　気球爆弾観測用ラジオゾンデの研究

一九四三（昭和十八）年　各種ラジオゾンデの研究に集中。マルチバイブレーター変調を利用し特徴ある発振停止をなさしむ。
四四（昭和十九）年　遠距離用として出力四〇ワット級のラジオゾンデを完成。
四五（昭和二十）年　研究を中止。

Ⅳ　粉末帯電により疑似雷に関する研究
一九四〇（昭和十五）年　各種粉末を高速気流により擾乱し静電帯電を起さしむ、これを疑似雷として利用し得るや否やを判定せんとす。
四一（昭和十六）年　約五十種の粉末につき試験し澱粉最も良好なるを認め一グラム当り一クローンの帯電を起さしむるを確かむ。
四二（昭和十七）年　袋を仲介とするときは強力なる放電を得るも外界においては困難なるを以て軍用途の目途なきにより中止。

Ⅴ　飛行機発動機の発する火花放電を受信もこれを標定せんとする研究
一九四〇（昭和十五）年　飛行機発動機の発する火花放電の周波数分布につき研究するも特に顕著なる極大値を認めず。

四一（昭和十六）年　最適なる受信方式を研究したる結果、数米における超再生受信方式を採用。

四二（昭和十七）年　八木アンテナを伴う六米受信機により一〇キロ米までの受信可能なるを認めしも、超短波ロケーターの実用化に伴い研究を中止。

Ⅵ　固体燃料発動機に関する研究

一九四一（昭和十六）年　液体燃料の不足を補うため固形粉末により発動機を運転せんとし研究を開始。

四二（昭和十七）年　数種の粉末を試験し右松子の成績良好なるも資源不足なるため石炭粉末につき研究。

四三（昭和十八）年　発動機の運転一応可能なるも磨損大なると共に南方石油の輸入容易となりたるため研究を中止。

Ⅶ　超高圧X線に関する研究

一九四一（昭和十六）年　一〇〇万ボルトX線及び中性子発生装置を設計。

四二（昭和十七）年　同右の試験。

四三（昭和十八）年　完成据え付けを完了しこれが運転に関し研究し何らか軍用目途なきやを探究。

四四（昭和十九）年　軍用目途として適切なるものなきを以て中止。

第一科で研究されていた七項目のうち、実際に研究の成果があったのが「超短波に関する基礎的研究」「気球爆弾に関する研究」「無線通信に関する研究」の三項目である。

一九四五（昭和二十）年八月三十一日付の兵器行政本部作成の資料（二二二頁参照）には、超短波の基礎研究の概要として、「超短波ノ強力発振集勢及之ガ効果ニ関シ基礎的ニ研究シ之ガ性能ノ向上ニ努メツツアリ」と記されている。

ここで言う「超短波ノ強力発振集勢」とは、超短波を使用し強力な電波を集め、それによって対象物を破壊する研究で、一般には「殺人光線」として有名なものである。この兵器は、登戸研究所では「怪力線（くわいりきせん）」の頭文字をとって「く号」と呼ばれていた。

殺人光線の原理は大正の終わり頃、イギリスの科学者グリンデル・マシウスによって考えられた。これを日本で最初に取り上げたのが、東北帝大の八木秀次博士である。

一九二六（大正十五）年、京都で開催された日本学術協会の大会で「所謂殺人光線に就いて」と題した講演を行い、はじめて殺人光線の可能性についてふれた。そのときの講演では、期待される作用として「飛行機自動車等の操縦妨害」「生物に対する殺傷効果」「火薬爆発」「空中に電導性ガス柱をつくる」という四つの作用をあげている。

殺人光線の研究に当初から関わった人物に、埼玉県在住の山田愿蔵がいる。山田は伴繁雄と同じ浜松高等工業学校（現静岡大学工学部）の出身で、登戸研究所の前身の陸軍科学研究所に一九三五（昭和十）年に入所、所属は物理関係の第一部であった。以後、電波兵器の研究所である多摩陸軍技術研究所へ異動、敗戦は同研究所の疎開先のひとつである兵庫県宝塚の関西出張所（所長稲葉栄技術大佐）で迎えている。

この間、一時期レーダー関係の研究にも携わったが、一貫して「く号」の研究に携わっていた数少ない研究者である。山田からの聞き取り調査と提供された資料により、「く号」の研究の概要が明らかになった。

多くの科学者が実現不可能と思っていた殺人光線が、登戸研究所で「く号」という名称で実際に検討されるようになったのは、一九三三（昭和八）年に科学研究所の第一部長であった多田礼吉少将（後の技術院総裁）が電気・物理関係の学者約二十名を招き、殺人光線についての意見を聴取する会議を開催したことによる。

一九三六（昭和十一）年八月、科学研究所の所長に就任した多田中将（同年三月中将に昇進）は「く号」の研究に着手、同年十二月三日には〈陸軍科学研究所秘第七二号〉で指導担当者と研究項目が決定された。

東北帝大から大阪帝大へ異動した八木博士が「電波に関する研究」と「放射線に関する研究」、大阪帝大の菊地正士教授が「放射線に関する研究」、航空研究所の抜山大三研究員が「衝撃波に関する研究」であった。このうち最終的に残ったのが電波（極超短波）を使用した研究である。この研究の指導をした八木博士は、イギリスのレーダーにも使用された「八木アンテナ」の発明者として有名である。

開発と実験は戸山ヶ原の科学研究所では手狭なため、川崎の登戸に一九三七（昭和十二）年十一月に完成したばかりの「登戸実験場」で行うことにした。実際に「く号」の関係者が登戸実験場に移ったのは、十二月になってからである。

このときの所員は十八名で、一九三八（昭和十三）年四月三十日、草場季喜少佐（後に少将）が登戸実験場場長として着任した頃には、所員が六十数名に増員されていた。同年末の任務分担と組織は次のとおりである。

登戸実験場場長　草場季喜少佐
庶　務　深沢軍属
「く号」研究　松山直樹大尉、笹田助三郎技師、甲木季資技師、山田愿蔵技手
大型真空管製作研究　曽根有技師、宇津木虎次郎技手
「ち号」研究　竹佐金次大尉、松平頼明技師、幾島英技手
雷の研究　村岡勝大尉、大槻俊郎技師

その後の「く号」研究の進捗状況は、GHQに提出した文書のとおりである。超短波の研究は海軍でも海軍技術研究所を中心に研究されており、マグネトロンを使用した電波兵器などの研究は陸軍に先行するものであった。

日本のマグネトロン研究は、東北帝大の岡部金治郎博士が「分割陽極マグネトロン」を発明したのがはじまりである。その後、マグネトロンの研究は海軍に引き継がれ、一九三七（昭和十二）年には新タイプのマグネトロンの開発に成功している。こ

の「菊型マグネトロン」は、波長六センチメートルで三〇ワット、三センチメートルで三ワット、一・五センチメートルで一ワット程度の連続波の出力が発生するまでになっていた。

海軍はマグネトロンの基礎研究が終わると応用面の研究を開始した。電波探知機・電波妨害機・強力電波装置などの研究である。なかでも、期待されたのが「殺人光線」の研究である。これは陸軍科学研究所においても研究されていたが、海軍は日本無線と協力して三鷹の日本無線本社内に技術研究所の分室を設け、本格的な研究に乗り出した。

そのときの目標は、「極超短波を発生輻射し、物理、化学および生理作用を研究し、これを用兵、技術的に利用できる具体案を検討し、その上で必要な装置を試作する」というものであった。

これらの実験場として一九四三（昭和十八）年六月に、静岡県島田に七万坪の土地を入手して、建坪二千坪の実験室を建設した。以後、海軍はここで殺人光線（海軍での秘匿名は「勢号」）の研究・実験が行われたのである。最終的には、直径二十三メートルの反射鏡と出力千ワットのマグネトロンを用いる研究であったが、陸軍と同様、研究半ばで敗戦となり未完成のまま終わっている。

第一科の研究は風船爆弾以外では電波兵器の研究が中心であったが、最終的な第一科における研究成果は次のとおりである。「　」は研究器材の秘匿名である。

一、研究が一応完成または研究途中でも実戦に使用できる状態にあったもの。有線操縦装置「い号」、高圧電気装置「か号」、風船爆弾「ふ号」、光電装置「こ号」、宣伝謀略用装置「せ号」、宣伝・防諜・諜報・謀略などの秘密戦資材、電波兵器の一部など。

二、一応の研究のめどをつけたが実用に至らなかったもの。無線操縦装置「む号」、暗視装置「あ号」、ロケット「ろ号」、水中音波装置「す号」、殺人光線（怪力線）「く号」など。

三、研究の見通しが困難で中止したもの。眩惑装置「き号」、無線妨害装置「ほ号」、熱線装置「ね号」、電気砲（ビーム砲）「と号」、人工雷雲装置「う号」など。

4　第二科の研究内容

第二科は毒物合成、毒ガス、細菌、特殊爆弾など主に化学関係の研究をしていたところで、製造部門である第四科を除けば最も所員の数が多い部署である。研究内容も多種にわたり、七班（庶務班を除く）からなる構成をとっていたが、最も危険な毒ガス、細菌などの研究をしていたことと、具体的な内容が関係者によって発表されていないため、どのような研究がされていたか不明であった。

二〇〇一（平成十三）年になり伴繁雄『陸軍登戸研究所の真実』が出版され、人体実験を含む第二科の内容の詳細が明らかになった。この本は伴が生前に原稿を書いていたものであるが、種々の事情で伴が亡くなってからの出版になった。

数少ない第二科関係の資料に「技術関係職員調査表」がある。調査の時期は、一九四一（昭和十六）年頃のものと思われる。

調査表によれば技術関係職員は三十五名。身分の内訳は、大尉四名、中尉九名、少尉五名、技師二名、技手七名、雇員六名、嘱託二名である。

学科別の内訳は、化学科十名、薬学科七名、写真科六名、農学科四名、獣医科二名、医学科・物理科・工学科・色染料が各一名で、不明が二名となっている。

表2-4は、一九四五（昭和二十）年当時の第二科の班長と各班の研究内容の概要である。

次に、第二科が開発した秘密兵器を班別に見ていくことにする。

伴少佐の第一班の研究は、主に秘密インキや焼夷剤などの爆薬関係である。秘密インキは、食塩・のり・アウピリンなどによって作られたインキで、インキが乾くと無地になり、解色用の薬品を塗ると文字が浮き出てくるようになっており、主に通信用に使用された。また、爆薬関係では缶詰や雨傘に爆薬や焼夷剤を仕組み、時限点火装置を使用して謀略用に使用するものなどがある。

村上少佐の第二班の研究は、主に動物を使用した研究である。なかでも「え号剤」と呼ばれる薬物はソ連国境の軍用犬対策に開発されたもので、メスの卵巣から採取したホルモンを使用したものである。

土方少佐の第三班の研究は、主に毒性化合物の研究である。これは青酸ニトリールが代表的なものであるが、ほかに耐水マッチなどの研究も行われていた。

表2－4　第二科の組織および研究内容

班	班長	研究内容
第二科長　山田　桜技術大佐		
庶務班	瀧脇重信技術大尉	
第一班	伴　繁雄技術少佐	秘密インキ、風船爆弾（材料研究）、気圧信管、焼夷剤、爆薬、毒性化合物など
第二班	村上忠雄技術少佐	毒物合成、え号剤など
第三班	土方　博薬剤少佐	毒性化合物、青酸化合物（青酸ニトリール）、耐水マッチなど
第四班	高橋憲太郎軍医少佐	細菌（炭疽菌）、対動物用細菌、各種毒物など
第五班	丸山政雄技術少佐	秘密カメラ（ライター型・マッチ型・ステッキ型・カバン型・ボタン型）、特殊カメラ（遠距離撮影用・夜間撮影用・水中撮影用・暗視装置「あ号」）、超縮写器材（マイクロドット）、感光材料など
第六班	池田義夫技術少佐	対植物用細菌（条斑病菌・黒穂病菌）、土壌破壊菌、真菌、昆虫など
第七班	久葉　昇獣医少佐	対動物用細菌（豚コレラ・牛疫）など

高橋少佐の第四班の研究は、主に細菌関係の研究である。アメリカで細菌テロに使用された細菌として有名になった炭疽菌の研究をしていたことが明らかになっている。炭疽菌は七三一部隊がペスト菌とともに細菌兵器の主流に置いていた細菌でもある。

丸山少佐の第五班の研究は、秘密カメラや暗視装置の開発という撮影関係の研究である。秘密カメラは、ライターやカバンで擬装し諜報活動に使用したものである。暗視装置は赤外線を利用し、暗中でも敵の様子がわかるというもので、暗視装置の頭文字をとって「あ号」という秘匿名が使用された。

第五班の研究のなかでも有名なのが、「マイクロドット」と呼ばれる超縮写技術の開発である。これは現在のマイクロフィルムの原型のようなもので、諜報の秘密通信の手段として利用された。

池田少佐の第六班の研究は、土壌破壊菌や枯葉剤など対植物用細菌の研究である。対植物用細菌は七三一部隊でも研究されており、実際に中国に対して細菌戦を行ったことが明らかにされている。また、登戸研究所で研究していた対植物用細菌を風船爆弾に搭載する計画もあったが、こちらの方は実際には使用されなかった。第六班が研究していた対植物用細菌の代表的なものは、小麦の条斑病菌や雪腐れ病菌、馬鈴薯の瘡痂病菌、稲のイモチ病菌、トウモロコシの黒穂病菌などであるが、その他にもあらゆる植物用細菌の研究がされていた。

久葉少佐の第七班の研究は対動物用細菌の研究である。主な細菌は牛疫と豚コレラであり、研究の最終目的は風船爆弾に牛疫病菌の凍結乾燥粉末を搭載して、アメリカ本土を攻撃することであるという。この件については第三章の風船爆弾のところで検討する。

その他、第二科で研究されていた毒物には、きのこの毒（ムスカリン）などがある。ムスカリンはテングタケに主に含まれている毒で、幻覚症状を伴い最後には昏睡から麻痺におちいる。登戸研究所ではムスカリンの合成に成功し、細菌戦部隊である一六四四部隊（中支那防疫給水部）において、ムスカリンの効果を測定するために人体実験が行われた事実が、関係者の証言から明らかになっている。

また、登戸研究所の第二科では細菌兵器や毒ガス兵器が研究開発されていたことは間違いなく、第二科関係の書類を綴った『雑書綴』には毒蛇や毒植物を登戸研究所が購入している書類や毒ガス関係の書類がある。

次の文書はそのうちのひとつである。

昭和十八年四月七日　陸軍兵器行政本部登戸研究所
陸軍兵技大尉　村上忠雄
熱帯医学研究所士林支所　武石虎二殿

研究資料分譲方ニ関スル件

十月二十九日熱研士第三一九号ノ一ニテ御照会有之当方ヨリ十八年一月七日御通知申上シ件其後如何ニ相成リ候ヤ雨傘蛇毒十瓦完納ノ後御支払ヒ申ス可キカ前回御送付ノ三瓦代ノミ御支払ヒ申ス可キヤ御通知被下サレ度三瓦代金ノミ申スヘキ場合ニハ改メテ請求書御提出被下サレ度御願申上候　追テ後ノ七瓦ハ何時頃迄ニ御送付下サルヽヤ御一報被下サレハ幸甚ノ至リニ存シ候

この文書は第二科第二班の村上大尉が熱帯医学研究所に対して、雨傘蛇の毒を十グラム送付してもらい、代金をどのように支払うか尋ねている文書である。

雨傘蛇は台湾や中国南部などに棲息する体長約一・五メートルの神経毒をもつ有鱗目コブラ科の毒蛇である。神経毒は神経マヒを引き起こし、その結果、呼吸停止状態となり死に至る。とくに雨傘蛇の毒（ブンガロトキシン）は、五〇パーセント致死量が体重一キログラムに対して〇・一五ミリグラムで、青酸カリの約三十倍という猛毒である。

さらに次のような毒物を関係機関に依頼した文書もある。

昭和十六年九月一日
厚生省衛生試験所ニ「イヌサフラン」種子五十球分譲方紹介

昭和十六年十二月十一日
一、金壱百九円五十銭也
但薬草球「コロチカム」四十五球代及送料並荷造箱代

昭和十九年七月二十九日
登戸研究所　山田大佐

「コルヒチン」抽出原料トシテ左記南方植物（含有量〇・三％）利用シ得ルノ報告ヲ得タルヲ以テ軍兵器部ヲ通シ之カ入手方ニ関シ貴課ニ於テ尽力方願度

左　記

一、品　目

（百合科ユリグルマ）　球根　（半乾燥物）

この文書に出てくるイヌサフランはユリ科の毒植物で、実には多くのアルカロイドが含まれている。そのうち最も毒性が強いのがコルヒチンである。コルヒチンの五〇パーセント致死量は体重一キログラムに対して三・五三ミリグラムで、青酸カリと同程度の毒性を持っている。

イヌサフランによる中毒は呼吸困難、嘔吐、胃痛、血圧低下、不整脈などの症状が現れ、その結果、筋肉の緊張が弱まり、体温低下、呼吸マヒが起こり死に至る。

また、『雑書綴』には研究の秘匿名として「ホニ」「ホロ」「ホヘ」「ホホ」などが記されている。「ホニ」が登場する文書には次のようなものもある。

右者昭和十七年一月入職依頼「ホニ」号ノ研究ニ従事シ毒薬合成中偶々気管支ヲ侵サレ其ノ都度治療ヲ受ケ居リシ処（中略）更ニ肺浸潤ヲ併発シタルヲ以テ「ホニ」号合成研究ニ拠ル起因ナルコトヲ承認ス

昭和十八年七月　研究班長　陸軍技師　土方博

この文書は「ホニ」号の研究に携わっていた所員が毒薬合成中に気管支を侵され、その後、肺浸潤を併発したために勤務を免除するというもので、文書の責任者は第二科第三班の土方博技師である。第三班は青酸化合物や毒ガスなどの毒性化合物を担当していた班である。

この所員は気管支を侵され肺浸潤まで起している。このような状況から「ホニ」は毒ガスのホスゲンではないかと思われる。

村上大尉の班は主に動物に関する毒物合成であるが、同じ『雑書綴』の「化学兵器手当支給方認可相成度件上申」と標題の付いた文書で、五月二十四日付で「研究上危険並ニ有害作業ニ従事セルニ付化学兵器手当支給規則ニ依リ該手当支給方認可相成度上申ス」とあり、村上忠雄大尉らの名前もそのなかにあげられている。このことから村上大尉の班でも化学（毒ガス）兵器の研究がされていたことが裏づけられるのである。

さらに、毒ガス関係のものとして次のような文章も『雑書綴』に綴られている。山田桜大佐が登戸研究所第二科長として着任後、毒ガスおよび毒薬に関する治療のために提出した要望書である。そのうち毒ガス部分の内容は次のとおりである。

救急治療ニ対スル要望ノ件

昭和十八年九月三日　第二科長　山田大佐

所医務室　高橋大尉殿

当科ノ研究業務上左記有毒瓦斯、毒薬ニ対シ之カ救急薬剤及救急具ニ関シ予メ準備方相煩度

区分	障害状況	有毒物	摘要
瓦斯及蒸気	呼吸及皮膚浸透	青酸	人工呼吸具、注射等ヲ含ム
	呼吸	ホスゲン	同右及瀉血ヲ含ム
	呼吸	一酸化炭素	輸血ヲ含ム
	呼吸	剤	咽頭炎治療ヲ主トス
	接触	みどり剤	結膜炎治療ヲ主トス

この要望書により登戸研究所の第二科では、青酸、ホスゲン、みどり剤などの実験が行われていたことが明らかとなった。このうち、みどり剤とは塩素系の催涙性毒ガスである「塩化アセトフェノン」のことである。

四番目には毒ガス名が記入されていないが、摘要欄に咽喉炎治療とあることから、くしゃみ性の毒ガスである、「ジフェニールシアンアルシン」などの「あか剤」ではないかと思われる。

蛇毒は特務機関員などが暗殺用の兵器に使用するためのもので、万年筆型破傷器に蛇毒を入れて、毒針を相手に刺して暗殺するというものである。これらの暗殺兵器が実際に使用されたかどうかは不明であるが、中国人に対して万年筆型殺傷器を用いて蛇毒や青酸化合物を使用した実験が行われたことが、関係者の証言で明らかにされている。そのなかのひとつに、第二科の第三班（毒性化合物担当）が謀略暗殺用に開発した「青酸ニトリール」がある。

この毒薬は、一九四八（昭和二十三）年におきた帝銀事件で使用されたものではないかと疑われ、登戸研究所第二科の関係者の多くが事情聴取を受けた。このなかで捜査当局は、戦時中、中国で人体実験が行われたという事実を知ったのである。しかし、一般にこの事実が知られるようになるのはずっとあとのことである。一九八一（昭和五十六）年十二月二十三日付の「毎日新聞」は、このときの人体実験の様子を、次のように伝えている。

一六四四部隊の人体実験は、旧陸軍第九研究所（川崎市）の技術将校ら七人が昭和十六年、同部隊に派遣されて行ったとされる。各種青酸性毒物やヘビ毒、炭疽菌などの細菌と、手に入る毒物すべてを使って中国人捕虜約三十人を対象に死ぬまで実験を繰り返した。

実験には同部隊の軍医二人も加わり「日本人の医者だ。薬で体を治してやる」とだましていたという。実験の模様は「密室内で捕虜をイスに縛りつけ、青酸ガスを吸わせた」「ベッドに寝かせた捕虜に液体の青酸を注射、捕虜は瞬間にケイレンを起こし、ぐったりしたが完全死には数分かかった」など、凄惨なもの。これは実験に加わった元九研所員六人の告白でこのほど明らかにされた。

九研は謀略、破壊活動など「秘密戦」の資材を研究・開発する機関として昭和十五年に設立。スパイ養成機関だった陸軍中野学校と密接な関係をもち、陸軍の作戦行動の中枢だったとみられている。しかし、これまで人体実験は行われなかったと

写真2－4　ヘビ毒採取のため台湾へ出張した所員、杉山圭一大尉（左）、土方博少佐（右）

されていた。

この記事は設立の時期など若干の間違いはあるが、内容については人体実験に加わった元所員の証言をもとに記事を書いているのでほぼ正確である。また、記事のなかに書かれている青酸性毒物は第二科第三班が開発した「青酸ニトリール」、ヘビ毒はハブやアマガサヘビの毒、炭疽菌は第二科第四班で研究されていたものである。

人体実験は登戸研究所第二科と、七三一部隊の支部である南京の一六四四部隊および特務機関が中心となって行われた。現在までに明らかになっているのは、一九四一（昭和十六）年六月に南京で行われた実験と、一九四三（昭和十八）年十二月から翌年の一月にかけて上海で行われた実験である。

実験に参加した伴繁雄は『陸軍登戸研究所の真実』のなかで、このときのことを次のように述べている。


昭和十六年五月上旬、二代目の二科長畑尾正央中佐（後に大佐）を長として、一班長で当時技師の私、三班長土方技師と三班の研究者、技術者の計七名は、篠田所長から南京出張を命ぜられた。参謀本部の命によるものだった。

出張の目的は、試作に成功し動物実験にも成功を収めた新毒物の性能（毒力）決定、すなわち人体での実験を行うことであった。

この実験にあたって篠田所長は、関東軍防疫給水部の石井四郎部隊長（当時軍医少将）と参謀本部で接触し、実験への協力に快諾を得ていた。関東軍防疫給水部は日本軍の極秘細菌戦部隊として設けられたが、薬理部門では青酸化合物などの研究も行われていたからである。

そこでの取り決めは、実験場所を南京の国民政府首都守備軍（司令長官・康生智将軍）が遺棄した病院とし、実験期日は南京の中支那防疫給水部が指定する。実験

写真2－5　伴繁雄からの聞き取り調査（左、筆者）

期間は約一週間を見込み、実験者は同防疫給水部の軍医で、実験には登戸研究所からの出張員が立ち会うというものだった。実験対象者は中国軍捕虜または、一般死刑囚約十五、六名、とされた。

六月十七日、登戸研究所員らは長崎港を出発、海路上海を経由して南京に到着すると、支那派遣軍総司令部参謀部に出頭し、出張申告を行った。

伴の証言で、このときの人体実験に参加した人数は七名であることが明らかになった。いずれも第二科の所員である。

出張命令は参謀本部からとあるが、登戸研究所は参謀本部第二部第八課、通称めのものである。

「謀略課」の指揮下にあったので、たぶん謀略課からの命令であろう。出張の目的は人体実験であり、その前に動物実験もされている。現在も登戸研究所の跡地である明治大学生田校舎には動物慰霊碑があるが、この慰霊碑は動物実験のためのものである。

実験については、関東軍防疫給水部の石井四郎部隊長と参謀本部で接触し快諾を得たとあるが、これは登戸研究所が直接、防疫給水部へ連絡したのではなく、日本にある陸軍軍医学校の防疫研究室を通じて行われたものと思われる。防疫研究室と登戸研究所は、細菌の研究などを通じ密接な関係にあったからである。

また、関東軍防疫給水部の薬理部門では青酸化合物などの研究も行われていたとあるが、一九四〇（昭和十五）年九月に、関東軍化学部と合同で青酸ガスを使用した人体実験をホロンバイルで行っている事実がある。

実験は中支那防疫給水部の軍医が直接行い、登戸研究所から出張した所員は立ち会ったのみとある。中支那防疫給水部は一九三九（昭和十四）年四月に設置され、初代部隊長は石井四郎が兼務していた。一九四一（昭和十六）年八月には防疫給水部に秘匿名が付けられ、関東軍防疫給水部は「満州第七三一部隊」、中支那防疫給水部は「栄第一六四四部隊」となった。一六四四部隊は「多摩部隊」とも呼ばれていた。

件の記述には、どのように立ち会ったか具体的なことは述べられていないが、当時の事情を知る登戸研究所関係者の証言によれば、チェンバーと呼ばれたガラス張りの部屋に中国人捕虜を入れ、軍医が青酸性毒物や蛇毒などを注射し、何分で死亡するかガラス越しに時間を計っていたという。

では、具体的にどのような実験を行ったのであろうか、続きを見てみよう。

実験のねらいは、青酸ニトリールを中心に、致死量の決定、症状の観察、青酸カリとの比較などだった。経口（嚥下）と注射の二方法で行われた実験の結果は、予想していた通りで、青酸ニトリールと青酸カリは、服用後死亡に至るまで大体同様の経過と解剖所見が得られた。また、注射が最もよく効果を現し、これは皮下注射でよかったことも分かった。

青酸ニトリールの致死量は大体一cc（一グラム）で、二、三分で微効が現れ、三十分で完全に死に至った。しかし、体質、性別、年齢などによって死亡するまで二、三時間から十数時間を要した例もあり、正確には特定できなかった。しかし、青酸カリに比べわずか効果が現れる時間が長いが、青酸カリと同じく超即効性であることには変わりがなかった。

実験は青酸ニトリールを中心に行われ、致死量の決定、症状の観察、青酸カリとの比較などの調査が行われている。致死量については、青酸ニトリールの場合、大体一ccと述べられている。青酸カリについては、伴に直接聞いたときには「青酸カリの致死量は〇・三グラム、青酸の致死量は〇・〇五グラム」と言っていたが、『陸軍登戸研究所の真実』のなかでは「致死量は青酸カリ〇・一五グラム、青酸〇・〇六グラム」と述べられている。

このときの致死量の決定が帝銀事件で重要な意味をもつようになる。人体実験に参加した伴繁雄と土方博は、帝銀事件の毒物判定で「帝銀毒殺事件の技術的検討及び所見」という調査書を捜査本部に提出しているが、そのときの致死量の判定に人体実験のデータが使われたからである。

もうひとつ、帝銀事件との関わりのなかで伴は重要なことを述べている。それは、青酸ニトリールは「青酸カリに比べわずか効果が現れる時間が長い」、という部分である。

帝銀事件では第一薬を飲んでから第二薬を飲むまで一分近い時間があり、その間に誰も倒れていないのである。青酸カリなら第一薬を飲んだ瞬間に苦しみ、第二薬を飲むことはできない。それに青酸カリは独特な苦扁桃臭（アーモンド臭）があり、飲んだときに刺激がある。このことから、無味、無臭で効果が現れるまで若干の時間がある青酸ニトリールが帝銀事件の毒物として疑われるようになったのである。青酸ニトリールと帝銀事件との関係については、第十二章で改めて述べる。

その他、第二科では枯葉剤などの研究も行われていたことが明らかになっている。このように第二科では多種多様な研究がされていたが、数年前、当時の所員から第二科の研究内容がわかるメモと疎開計画書の写しを入手した。これらの資料を保管していたのは、群馬県下仁田在住の山田高嶺である。

山田は一九二六（大正十五）年生まれ、旧制の前橋工業学校（現前橋工業高校）卒業と同時に登戸研究所の有川研究室へ配属となった。当時の様子を、「有川研究室は秘密インキの研究開発を担当していたところで、私の学校時代の専門が染物の発色でしたので、それと同じような研究をしていた有川研究室に配属になったのではないか」と語ってくれた。

山田が配属になった研究室の主任の有川俊一は、東京工業大学を一九四一（昭和十六）年に卒業、すぐに登戸研究所第二科に配属になり、自身の専門である染料化学を活かし、主に秘密インキの分析を担当していた。

山田が登戸研究所へ入所したときの「身分証明書」では、正式名称である「第九陸軍技術研究所」という名称は使用されておらず、「陸軍登戸研究所」となっている。

疎開計画書は、一九四五（昭和二十）年五月二十二日付の「伊那工場建設業務分担計画案」と五月二十四日付の「伊那工場構成建物及坪数調書」と標題の付いた二種類の文書である。これらの文書は、第二科第一班の班長であった伴繁雄技術少佐が原案を作成し、山田に清書を依頼したものである。

登戸研究所の文書は敗戦時にすべて焼却処分となっており、これらの文書も本来なら現存しないものであるが、山田が一九四五（昭和二十）年五月に召集されたため、そのまま荷物のなかに紛れ、敗戦時の処分を免れたものである。

また、「研究課目概覧」と標題の付いたメモは、山田が戦後書き残していたもので、研究内容の時期は勤務していた時期から推測して、一九四四（昭和十九）年から一九四五（昭和二十）年のはじめにかけてのものと思われる。なお、〔　〕は筆者の補足である。

メモの中に書かれている「毒ガスT剤」は、マスタードガス（イペリット）と同じ「びらん性ガス」で、陸軍ではマスタードガスが零度近くになると固体になって中国や旧満州の冬には使用できないため、その混合用に開発されたものである。この事実は、元自衛隊化学学校の教官をしていた方から筆者への書簡により明らかになった。

研究課目概覧

所長　陸軍中将　篠田鐐
総務科　科長　陸軍少将　草場季喜〔兼務〕
　登戸研究所事務一般
　庶務班、経理班、兵器委員、守衛所、炊事・揚水場
第一科　科長　陸軍少将　草場季喜
物理的研究、主トシテ電気方面
　ふ号〔風船爆弾〕関係、殺人光線、方向探知機、携帯用ラジオ、其他特殊
　通信機材等
第二科　科長　技術大佐　山田桜
化学的研究
第一班　班長　技術少佐　伴繁雄
時限信管研究、毒瓦斯T剤ノ研究、焼夷剤ノ研究、秘密インキノ研究、文

書偽造ニ関スル研究、郵便文書ノ検閲、指紋採取ニ関スル研究、憲兵資材等

第二班　班長　技術少佐　村上〔忠雄〕
携帯口糧ノ研究、麻酔剤ノ研究等
第三班　班長　技術大尉　土方〔博〕
超猛毒薬ノ合成・研究、耐水耐風マッチノ研究等
第四班　班長　軍医少佐　高橋〔憲太郎〕
医務室ノ研究
第五班　班長　技術少佐　丸山〔政雄〕
小型写真機ノ研究、光学的研究、特殊フィルムノ研究等
第六班　班長　技術大尉　池田〔義夫〕
農作物枯死（黒穂病）ノ研究、研究物ノ散布方法ノ研究等
第七班　班長〔獣医少佐　久葉昇〕（班長の記載なし）
豚コレラ菌ノ培養、牛馬ヲ斃ス菌ノ研究、研究物ノ散布方法ノ研究等
第三科　科長　陸軍主計中佐〔山本憲蔵〕
（科長名および研究内容については記述なし）

第四科　科長　技術大佐　山田桜〔兼務〕
　研究完成品ノ生産及試作等

以下の表2－5は、登戸研究所で研究されていた主な毒物を表にまとめたものである。

表2－5　陸軍登戸研究所で開発されていた主な毒物

	名称（病名）	毒物名（化学名）	50%致死量(mg/kg)	主な症状（主な効果）
植物毒	トリカブト	アコニチン	0.3	知覚神経・呼吸麻痺。
	ドクニンジン	コニイン	75	中枢神経・運動神経麻痺。
	タバコ	ニコチン	7.1	嘔吐。頻脈。
	テングダケ	ムスカリン		血圧低下。発汗。呼吸急迫。
	イヌサフラン	コルヒチン	3.53	血圧低下。不整脈。呼吸麻痺。
動物毒	アマガサヘビ	ブンガロトキシン	0.15	神経毒。神経麻痺。呼吸停止。
	フグ	テトロドトキシン	0.01	血圧低下。呼吸停止。
毒性化合物	亜ヒ酸		5～7	ヒ素中毒。
	青酸カリ		4.4	窒息性。呼吸停止。
	青酸ニトリル	アセトン・シアン・ヒドリン		窒息性。呼吸停止。
毒ガス	イペリット（マスタード）	ジクロロエチルサルファイド	1,500	びらん剤（目・皮膚・呼吸器障害）。
	ホスゲン	塩化カルボニル	3,200	窒息剤（肺障害による窒息結果）。
	青酸ガス	シアン化水素	4,500	血液剤（呼吸障害による致死効果）。
細菌	炭疽	炭疽菌		無処置死亡率（95～100%）。
	ペスト	ペスト菌		無処置死亡率（30～90%）。
	コレラ	コレラ菌		無処置死亡率（10～80%）。

第三章　風船爆弾

1　「ふ」号作戦

気球が実戦で最初に使用されたのは、一九〇四（明治三十七）年二月に勃発した日露戦争のときである。その年の六月、気球を敵側の偵察に用いる目的で「臨時気球隊」が編成された。この気球隊は、わが国における航空部隊の最初のものであり、のちに風船爆弾の主務部隊となる気球連隊の前身の部隊である。

陸軍は第一次大戦の教訓から、本格的な航空事業の研究に乗り出すことになった。一九年、陸軍航空部、気球隊、陸軍航空学校を新設、同年十一月には、航空事業の調査、審議と法令の立案を推進するため「臨時航空委員会」が設置された。さらに、翌年には航空事業の発展を促進するため、軍務局に航空局が設置されている。

気球隊はその後、三六年の「軍備改変要領」により、「気球連隊」と名称を変更、さらに、航空兵科から砲兵科へ所属が変更になった。

陸軍と海軍はそれぞれに気球を使用して敵地を爆撃する研究がされていた。陸軍では、一九三三（昭和八）年頃から、ソ連との正面衝突が起きた場合を想定して、ソ満国境からソ連のウラジオストックを攻撃するための気球が研究されていたのである。

この遠距離爆撃用の気球は、距離一〇〇〇キロメートルを目安に、上空五〇〇〇メートルから八〇〇〇メートルの間に吹いている高層西風を利用して、三〇〇キログラム程度の爆弾を投下させようというものであった。

陸軍で開発された気球爆弾を実戦に使用するため、一九三九（昭和十四）年関東軍の気象連隊のなかに、気球爆弾の専任部隊が編成された。その後、登戸研究所で謀略兵器の研究が始められるようになると、気球は宣伝謀略用に使用されるようになった。これは敵の背後に謀略用の宣伝ビラを散布しようというもので、登戸研究所では宣伝用兵器の頭文字をとって「せ号」と呼ばれていた。

一九四二（昭和十七）年になると、ミッドウェー海戦の敗北、アメリカのドウリットル（B25）による本土空襲などにより、日本の情勢は次第に不利になってきた。当時の日本では、アメリカ大陸まで飛行できる長距離爆撃機は開発されていない。そこで、B25爆撃機などによる空襲の対抗手段として、クローズアップされはじめたのが、かつて関東軍がソ連に対して行っていた気球作戦であった。

いったんは断ち消えになっていた風船爆弾を、大本営は長距離爆撃用の決戦兵器として採用することに決定した。この研究開発の中心になったのが登戸研究所第一科である。第一科長草場季喜少将のもとで本格的に取り組まれた「風船爆弾」作戦は、風船爆弾の頭文字をとって、別名「ふ」号作戦とも呼ばれた。

草場の下で風船爆弾の実質的な責任者となったのが、陸軍技術本部から東北帝国大学工学部へ研究生として派遣され、超短波の研究をしていた武田照彦少佐である。その年の九月、風船爆弾作戦の主務担当部門である第一科第一班の班長となった武田を中心に、「ふ」号作戦は本格的に開始するのである。

決戦兵器としてアメリカでは原子爆弾の開発が進められドイツでもＶＩロケットの研究が進められていた時代に、風船爆弾が日本の決戦兵器として再び取り上げられた理由のひとつに、ジェット気流と呼ばれる強い偏西風が冬の日本上空を吹いていたという特殊な条件がある。この偏西風に乗せればアメリカ大陸まで気球を飛行させることができる、という考えから誕生したのが風船爆弾である。

登戸研究所に陸軍兵器行政本部から本格的な研究命令が発せられたのは、一九四三（昭和十八）年八月のことである。この国運をかけた決戦兵器「風船爆弾」は、予算二億円で約二万個を生産する計画であった。

「ふ」号の研究開発は、第一科長の草場少将を総責任者として、主務部門の第一班の責任者に武田少佐、その他に折井弘東中尉、中村信雄中尉、寺尾信雄、野原熊男、岩橋等、坂井重雄らの技官が協力した。

第一科の他にも多くの専門家、研究機関が、この作戦のために協力している。専門家としては八木アンテナで有名な八木秀次博士、気象台長の藤原咲平博士らが顧問として協力。その他の研究機関としては第二科が気球に搭載する焼夷弾、第三科が気球の表皮に使用する和紙、第四科が気球の製造。外部の機関では、第五陸軍技術研究所が気球航跡の標定、第八陸軍技術研究所が材料面の研究。その他、陸軍気象部、陸軍軍医学校、中央気象台。また、精工舎、横河製作所、国産科学工業、久保田無線などの民間企業も研究に加わっている。

次の図３－１は、一九四四（昭和十九）年末における風船爆弾研究機関の関係図である。

参謀本部は一九四四（昭和十九）九月八日、〈軍令陸甲第一二四号〉により、気球連隊および同補充隊編成のための動員命令を下した。同時に、特別任務の部隊のため参謀総長の隷下に編入されることになった。実際に気球連隊（三大隊）の編成が完成したのは九月二十六日である。

九月三日には、気球連隊に対して大本営より「十月末日までに攻撃の準備を完了せ

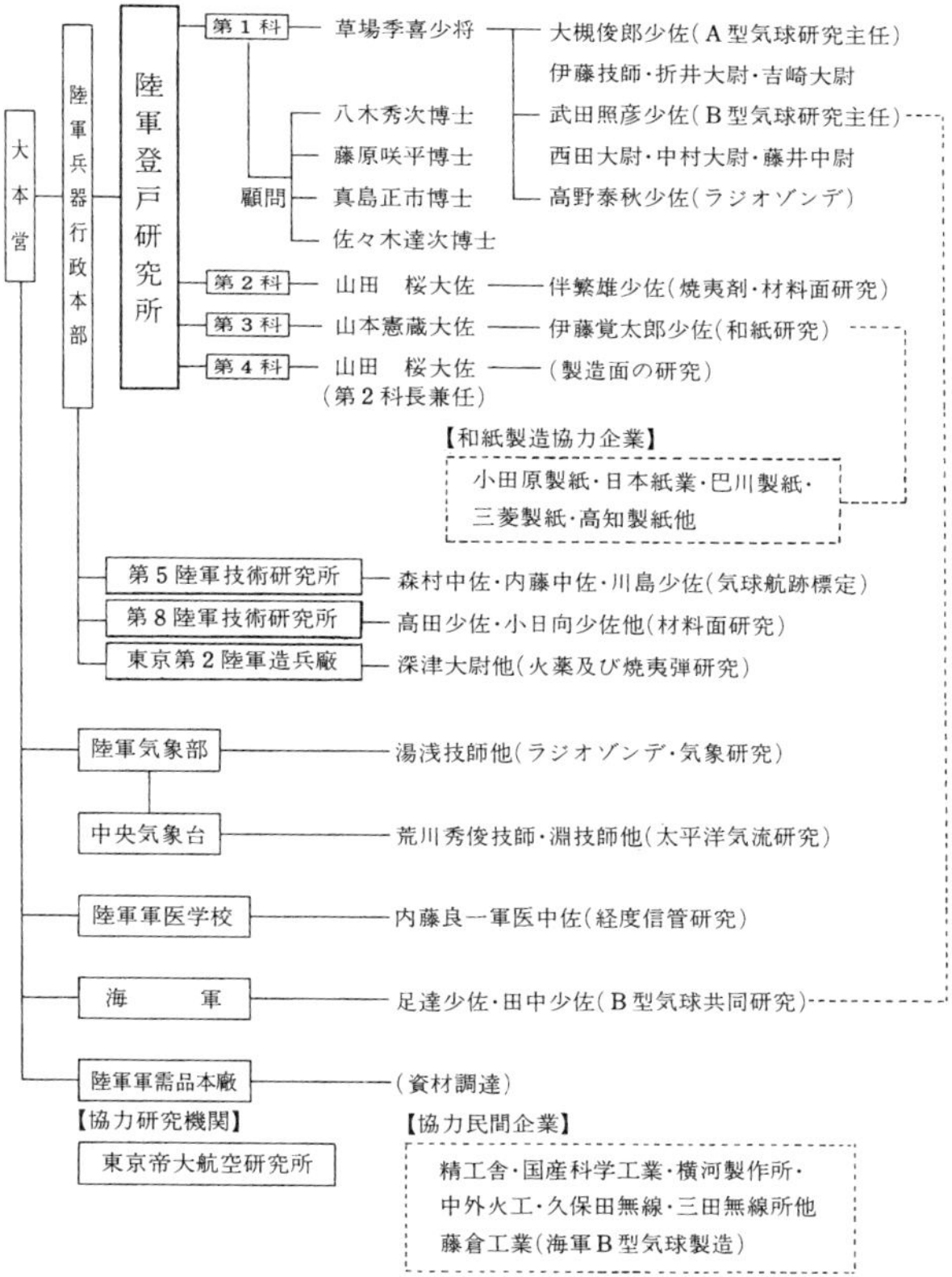

図3－1　1944（昭和19）年末における風船爆弾研究機関関係図

よ」という、次のような命令〈大陸指第二一九八号〉が下された。

〈大陸指第二一九八号〉

命　令

一、気球連隊ハ主力ヲ以テ大津勿来付近ニ一部ヲ以テ一宮岩沼茂原及古間木付近ニ陣地ヲ占領シ十月末迄ニ攻撃準備ヲ完了スヘシ

二、陸軍中央気象部長ハ密ニ気球連隊ニ協力スヘシ

三、企図秘匿ニ関シテハ厳ニ注意スヘシ

準備命令が下されると同時に、風船爆弾の製造と気球部隊の訓練も急がれ、気球を作るための場所として日本劇場や東宝劇場などの大きな劇場が使用された。

風船爆弾の準備もある程度整った十月二十五日、参謀総長梅津美治郎は以下のような攻撃実施命令〈大陸指第二二五三号〉を、気球連隊の井上茂連隊長に対して発し、「ふ」号作戦の開始を命令した。

この命令により、風船爆弾攻撃は十一月三日から開始となっていたが、三日に起きた爆発事故のため一旦放球は中止され、あらためて十一月七日に三カ所の発射基地か

ら放球された。

命　令〈大陸指第二二五三号〉

一、米国内部攪乱等ノ目的ヲ以テ米国本土ニ対シ特殊攻撃ヲ実施セントス

二、気球連隊長ハ左記ニ準拠シ特殊攻撃ヲ実施スヘシ

（一）実施期間ハ十一月初頭ヨリ明春三月頃迄ト予定スルモ状況ニ依リ之カ終了時期ヲ更ニ延長スルコトアリ

攻撃開始ハ概ネ十一月一日トス　但シ十一月以前ニ於テモ気象観測ノ目的ヲ以テ試射ヲ実施スルコトヲ得　試射ニ方リテハ実弾ヲ装着スルコトヲ得

（二）投下物料ハ爆弾及焼夷弾トシ其概数左ノ如シ

十五瓩爆弾　約七五〇〇箇

五瓩焼夷弾　約三〇〇〇〇箇

十二瓩焼夷弾　約七五〇〇箇

（三）放球数ハ約一五〇〇〇箇トシ　月別放球標準概ネ左ノ如シ

十一月　約五〇〇〇箇トシ五日頃迄ノ放球数ヲ勉メテ大ナラシム

十二月　約三五〇〇箇

一月　約四五〇〇箇
二月　約四五〇〇箇
三月　約二〇〇〇箇
放球数ハ更ニ約一〇〇〇箇増加スルコトアリ
(四) 放球実施ニ方リテハ気象判断ヲ適正ナラシメ以テ帝国領土並ニ「ソ」領ヘノ落下ヲ防止スルト共ニ米国本土到達率ヲ大ナラシムルニ勉ム
三、機密保持ニ関シテハ特ニ左記事項ニ留意スヘシ
(一) 機密保持ノ主眼ハ特殊攻撃ニ関スル企図ヲ軍ノ内外ニ対シ秘匿スルニ在リ
(二) 陣地ノ諸施設ハ上空並ニ海上ニ対シ極力遮蔽ス
(三) 放球ハ気象状況之ヲ許ス限リ黎明薄暮及夜間等ニ実施スルニ勉ム
四、今次特殊攻撃ヲ「富号試験」ト称呼ス
昭和十九年十月二五日
参謀総長　梅津美治郎
気球連隊長　井上茂殿

この攻撃実施命令によれば、一九四四（昭和十九）年十一月から翌年の三月までの

間に、約一万五千個の風船爆弾を放球する予定であった。しかし、スミソニアン航空博物館研究員のR・C・ミケッシュの『スミソニアン航空年報第九号』所載の論文によれば、実際は予定の数より少なく、総計約九三〇〇個が三カ所の発射基地から放球されたことになっている。

攻撃実施命令による風船爆弾の予定放球数と実際放球数を比較したものが次の表3－1である。

	予定の放球数	実際の放球数
1944年11月	500	700
12月	3,500	1,200
1945年1月	4,500	2,000
2月	4,500	2,500
3月	2,000	2,500
4月	0	400
総数	15,000	9,300

表3－1　風船爆弾の予定放球数と実際放球数

実施命令のなかの二（四）では、「ソ〔連〕領ヘノ落下ヲ防止スルト共ニ米国本土到達率ヲ大ナラシムルニ勉ム」とあり、風船爆弾がソ連領に落下しないように命じている。もし、風船爆弾が誤ってソ連領に落下した場合、ソ連は宣戦布告と受けとるかもしれない。さらに、ふ号作戦の当時は、主戦力を南方に投入していたため、対ソ戦になればひとたまりもない状況であった。そのため、陸軍はソ連に対して最大限の配慮をしたのである。

決戦兵器としての風船爆弾は、日本の国運をかけたものであったが、兵器としての効果は見るべきものはなく、アメリカ本土に被害を与えることは、ほとんどなかったのである。

しかし、アメリカは気球に生物（細菌）兵器が搭載されているのではないかという疑いをもち、科学者を総動員している。そして、徹底的にこの気球を分析し、バラストに詰められた砂から、太平洋の九十九里浜付近のものであることまで調査していたのである。

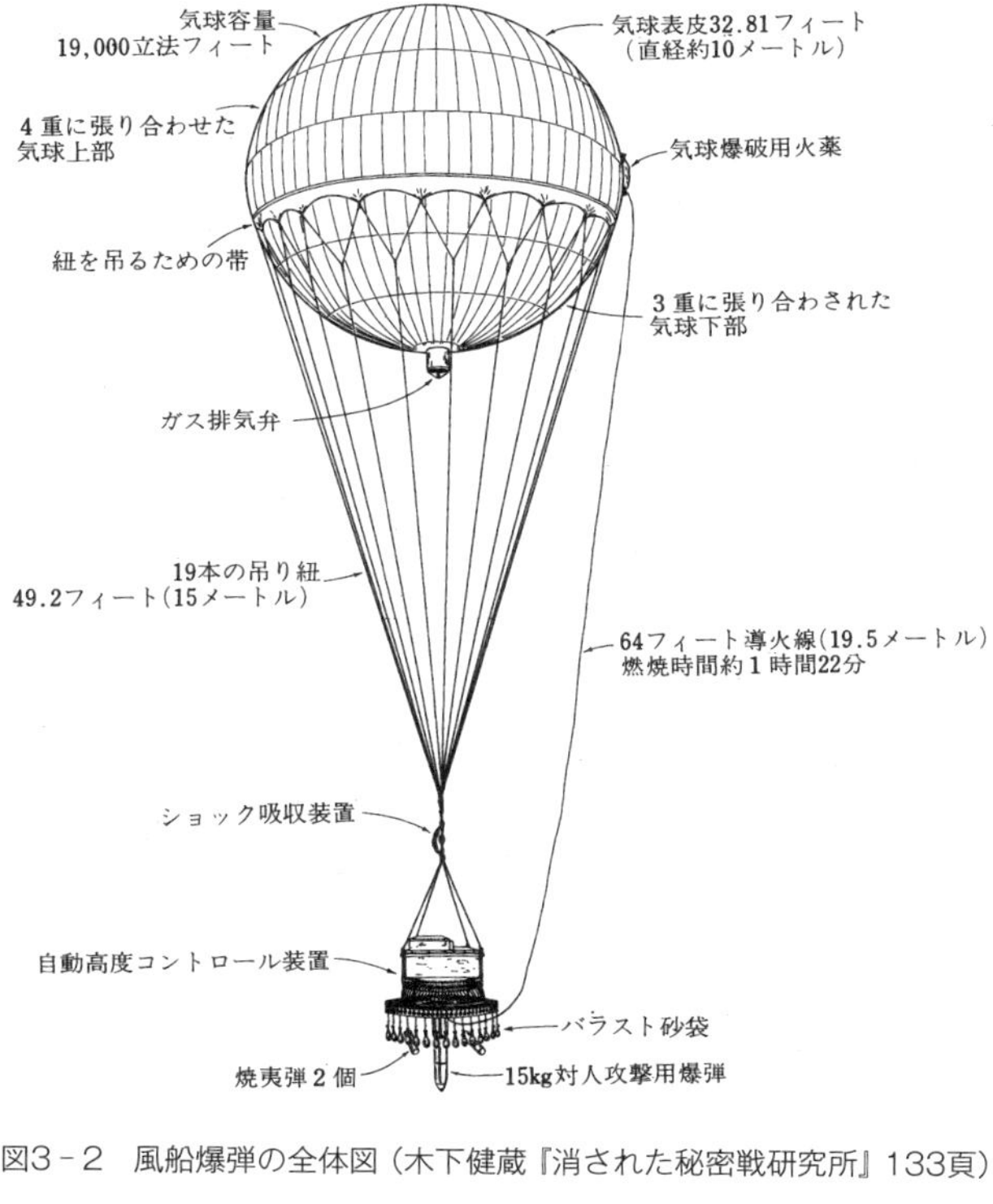

図3-2　風船爆弾の全体図（木下健蔵『消された秘密戦研究所』133頁）

2　風船爆弾と生物化学兵器

敗戦と同時に発令された「陸軍省軍事課特殊研究処理要領」と題する文書がある。この文書の実施要領の一番目に次のような文がある。

一　ふ号及登戸関係ハ兵本草刈中佐ニ要旨ヲ伝達直ニ処置ス

この文書については改めて第十一章で述べるが、米軍（連合国軍）に知られては困る特殊研究について、至急処分せよという内容の文書である。その最初に風船爆弾と登戸研究所のことが出てくる。

ふ号とは風船爆弾、登戸とは登戸研究所（第九陸軍技術研究所）、兵本とは陸軍兵器行政本部、草刈中佐とは陸軍兵器行政本部の総務課の草刈道倫中佐のことである。

この文書で不思議なことは、なぜ風船爆弾を至急処分しなければならないかということである。登戸研究所については毒性化合物や細菌兵器の研究開発をしていたので処分の理由は明らかであるが、風船爆弾については焼夷弾を搭載していたのみで、とりたてて至急処分する必要のないものである。それなのに至急処分せよというのは、風船爆弾にも細菌兵器か化学兵器を搭載する計画があったからではないのかと思われる。

アメリカ西部防衛軍のW・H・ウィルバーは、風船爆弾が「一九四五年の三月のように、平均一日一〇〇個の割合で放流され続け、少数の大型焼夷弾の代りに数百個の小型焼夷弾を付けるか、人間や牛馬に病気をまき散らす細菌、農作物や植物を枯らす薬剤がしかけられていたならば、全米は恐るべき惨禍に見舞れたにちがいない」と述べている。

アメリカは、風船爆弾に最初は細菌兵器か化学兵器が搭載されているのではないかと疑ったようである。細菌や毒ガスが使われることを、アメリカが極端に恐れていた事実は戦後になってわかった。アメリカは風船爆弾を調査するために多くの科学者を動員し、徹底的に調査したのである。そして風船爆弾の主目的を、一応焼夷弾や爆弾投下としながらも、他の目的も考えられるとし、重要度の高い順に以下のような可能性を推測した。

① 細菌または化学兵器、およびその両方。
② 焼夷弾と爆弾の運搬。
③ 目的不明の実験のために使用されたもの。
④ 恐怖と戦力の牽制をはかるための心理作戦。
⑤ 正体不明のものの運搬。
⑥ 防空手段として使用のもの。

これをみてもアメリカが細菌や毒ガスを一番恐れていた事実がわかるが、実際には細菌や毒ガスを風船爆弾に搭載したという証拠は、アメリカ側の資料をみる限りでは見つかっていない。

風船爆弾に生物化学兵器を搭載することは、最初から考えていなかったのであろうか。ここにひとつの疑問が残る。

関係図でもわかるように、登戸研究所の研究協力機関のひとつとして陸軍軍医学校から内藤良一軍医中佐が参加している。それも、専門の肺炎菌の研究ではなく、経度信管研究に起用していることである。

このことについて、法政二高にいた渡辺賢二は『私の街から戦争が見えた』のなかで、「風船爆弾に実際に細菌なり枯葉剤なりが積まれたという証拠はないが、少なくとも当初の研究計画のなかには入っていたと推論させる傍証がいくつかある」と述べ、次の三点を傍証としてあげている。

① 中国において農作物病原菌の投下が実際に行なわれた。

② 細菌爆弾の研究は、七三一部隊の八型爆弾（炭疽菌＝動物屠殺用）があるが、登戸研究所でも宇治型爆弾（積載細菌は不明）の研究が風船爆弾と関連して行なわれていたと言われている。

③ 風船爆弾計画にかかわっていた陸軍軍医学校から派遣された、内藤良一軍医中佐の存在である。

さらに、③の内藤軍医中佐と登戸研究所の関係について渡辺は、細菌兵器の風船爆弾への搭載計画が、かなり組織的に考えられていたのではないかと、次のように述べている。

先ごろ発見された内藤中佐の所有していた研究報告書によって、陸軍軍医学校防疫研究室は関東軍防疫給水部満州第七三一部隊の中枢に位置していたことが明らかにされた。その防疫研究室の教官内藤中佐は、七三一部隊隊長石井四郎軍医中将の片腕と呼ばれていた。米軍公文書館の米軍調査報告書「トンプソン・リポート」には、「(軍医学校では) 生物戦の攻撃的側面を含む研究も行われていた」という内藤中佐の証書がある。これにより、防疫的研究のみであったとされる軍軍医学校の定説も覆された。しかしそれ以上に、内藤中佐が登戸研究所のふ号作戦に参加していたことから、細菌兵器の風船爆弾による使用が、七三一部隊、軍医学校、登戸研究所とかなり組織的に考えられていたのではないかと推論される。

たしかに、総経費約二億円、全国の女子挺身隊を動員し、日本の国運をかけた風船爆弾が、焼夷弾だけを搭載する計画であったとは考えられない。本土決戦に備えて細菌兵器や毒ガスなどの化学兵器を使用する計画であったと考える方が自然に思える。だからこそ、戦後、GHQは必死になって、細菌や毒ガスが風船爆弾に搭載されていなかったのかどうかを、関係者に尋問したのではないのか。

風船爆弾の責任者であった草場季喜少将は「実際には生物化学兵器は使用されず心理作戦であった」といっているが、計画段階では生物化学兵器を搭載する計画があったことを、『風船爆弾と決戦兵器』のなかで認めている。

「ふ」号兵器は、広大な地域にわずかな投下弾を散布させるにすぎない。しかも、任意の地域に投下させることはできない。したがって、爆弾のような瞬時的威力のものでは効果の少ないことは明らかである。

宣伝ビラや動植物に対する細菌、害虫などのごとく到達後威力ののこるもの、とくに威力の拡大するものがもっとも有効であることは誰しも考えるところである。とくに細菌、害虫などは処女地へ行くと害敵がいないため予想外の繁殖を来すことがあるものである。こんな考えから、これらのものの研究も行われていたが、攻撃の企画が確立された時、これらのものは使用してはならないということが、上から達せられた。そこで投下弾の主体を焼夷弾とすることになった。

実験段階では風船爆弾に細菌兵器または化学兵器を搭載する計画であったことはまちがいのないことと思われる。さらに草場少将も、生物化学兵器の使用は上からの達しで中止したと述べているが、これは東條英機によってなされたものと思われる。

アメリカは、日本軍が中国においてイペリットなどの毒ガスを使用している事実をつかんでいた。そのため、ルーズベルト大統領は一九四二（昭和十七）年の六月と翌年の六月に、日本政府に対して二度にわたって毒ガス戦に関する警告をしていたからである。

第四章　中国紙幣偽造作戦

1　中国における通貨戦争

一九三七（昭和十二）年七月、北京郊外の盧溝橋で起きた日本軍と中国軍の衝突は、すぐに解決するという陸軍の予想に反し、日中全面戦争へと発展していった。

この時期、陸軍が対中国経済謀略の重点目標として実施した作戦に、登戸研究所第三科が担当した「対支経済謀略計画」がある。別名、「杉工作」と呼ばれた作戦である。

五相会議は翌年の六月二十八日、次のような「時局ニ伴フ対支謀略」の原案を策定、その後この原案に中国の正式通貨である法幣に関する備考を加え、七月八日に改めて正式決定された。

五相会議は第一次近衛文麿内閣に設けられた少数有力閣僚会議で、統帥事項を除く一切の最高国策を扱う政策決定機関で、メンバーは首相のほか陸軍・海軍・外務・大蔵の各大臣である。

時局ニ伴フ対支謀略

昭和十三年七月八日

方　針

敵ノ抗戦能力ヲ崩壊セシムルト共ニ支那中央政府ヲ倒壊シ又ハ蔣介石ヲ失脚セシムル為現ニ実行シアル計画ヲ更ニ強化ス

要　領

一、支那一流人ヲ起用シテ支那現中央政府並支那民衆ノ抗戦意識ヲ弱化セシムルト共ニ鞏固ナル新興政権成立ノ気運ヲ醸成ス
二、雑軍ノ懐柔帰服工作ヲ促進シテ敵戦力ノ分裂弱化ヲ図ル
三、反蔣系実力派ヲ利用操縦シテ敵中ニ反蔣反共反戦政府ヲ樹立セシム
四、回教工作ヲ推進シ西北地方ニ回教徒ニ依ル防共地帯ヲ設定ス
五、法幣ノ崩落ヲ図リ支那ノ在外資金ヲ取得スルコト等ニ依リ支那現中央政府ヲ財政的ニ自滅セシム
六、右諸工作ノ遂行ヲ容易ナラシムル為所要ノ謀略宣伝ヲ行フ

備考　要領第五項ニ対シテハ尚研究ヲ継続ス

「時局ニ伴フ対支謀略」の備考に追加された「要領第五項ニ対シテハ尚研究ヲ継続ス」は法幣工作のことで、改めて追加されたことをみてもわかるとおり、中国に対する各種謀略工作のなかで最も重要なものであった。

第五項の「法幣ノ崩落ヲ図リ支那ノ在外資金ヲ取得スルコト等ニ依リ」は、偽造法幣の乱発により中国の正式通貨である法幣の価値を下落させてインフレーションを起こすことと、入手した法幣をもって対外為替に交換し対外決済力を奪うという計画のことで、「支那現中央政府ヲ財政的ニ自滅セシム」は、これらの工作により中国の中央政府である蒋介石の国民政府の財政を破綻させることである。しかし具体的な準備不足のためか、七月八日に改めて備考を追加し、「尚研究ヲ継続ス」ということになった。

第三項の反蒋介石、反共産軍の政府樹立ということについては、のちに国民政府の要人であった汪兆銘を引き出し、南京に傀儡政権である「新国民政府（南京政府）」を樹立するというかたちで、一応実現した。

五相会議は七月二十六日、「対支特別委員会ハ五相会議ニ属シ其決定ニ基キ専ラ重要ナル対支謀略並ニ新支那中央政府樹立ニ関スル実行ノ機関」として、「対支特別委員会」の設置を決定した。また、陸軍でも和平工作の進展に即して、中国における特務機関の政治指導を統一する立場から、対中国政策を統合する機関の設置を要求、これを受けて十二月十六日、外交を除く占領地域関係の一切の業務を統轄する「興亜院」が設置されている。この興亜院は、中国における通貨工作の中心となった機関である。

日中戦争は一面で通貨戦争であったとも言われている。それは中国の占領地において現地調達を行う日本軍と、これを阻止しようとする蔣介石の国民政府および中国共産軍との間で争われ、日本軍の支配下にあった中国連合準備銀行発行の「連銀券」と南京政府の「中央儲備銀行券」、国民政府の「法幣」、共産軍の中国人民銀行発行の「人民券」などが三つ巴の通貨戦争を展開していたからである。登戸研究所における法幣偽造も、結局、このような通貨戦争に巻き込まれた結果、誕生することになる。

ここで、法幣偽造に至るまでの経過について簡単にふれておこう。

蔣介石の国民政府が、イギリスの首席財政顧問であるF・リース・ロスの提言を受けて幣制改革を断行したのは、一九三五（昭和十）年のことである。

もともと中国の貨幣は、銀行、軍閥、街の金融業者である銭荘などがばらばらに通貨を発行していたために、紙幣などは数百種類といわれるほど無統制に発行されていた。

そこで蒋介石は十一月四日、「幣制改革」を発令し、ロスの提言にもとづいて紙幣の発行を政府銀行である中央銀行、中国銀行、交通銀行の三行に限定し、そこで発行する紙幣を中国の正式な通貨である「法幣」としたのである。その後、中国農民銀行が加わり、法幣の発券銀行は四行となっている。

この幣制改革の要点は次のようなものであった。

一、十一月四日より中央銀行、中国銀行、交通銀行の発行する銀行券のみを法貨（法幣）とし、現在流通する紙幣はさしあたりそのまま流通を許すが、徐々に中央銀行券をもって回収する。

二、銀本位は額面通り流通し、その他の銀は実際の含有量に応じて法貨と兌換する。

三、対外為替価格を安定させるため、中央銀行、中国銀行、交通銀行の三銀行は無制限に外国為替を売買できる。

法幣はイギリスのポンドにリンクさせて、一元（円）に付き「一シリング二ペンス半」の為替相場に安定させる政策がとられたため、以後、法幣は中国において絶対的な力をもつようになった。（中国における通貨単位は「元」であるが、紙幣の表示は「円」である）。

この幣制改革に危機感を高め反対したのが、当時、華北分離工作を進めていた日本陸軍であった。幣制改革が成功すれば、華北も経済的に国民政府の掌中に入り、さらに満州国（現中国東北部）も経済的に打撃を受けることが予想されたためである。実際、この幣制改革以後、法幣の力が強まり、法幣がなければ物資の購入や戦費も賄えない状況であった。

このようなことから、最終的には「時局ニ伴フ対支謀略」の第五項にあるような、「法幣ノ崩落ヲ図リ支那ノ在外資金ヲ取得スルコト等ニ依リ支那現中央政府ヲ財政的ニ自滅セシム」という、法幣工作のための謀略がとられるようになっていくのである。

中国の法幣は四銀行で発行され、図柄も各銀行や発行年により異なっている。それに中国の法幣発券銀行は独自の印刷部門をもっていないので、イギリスのウォーターロウ社とトーマス社、アメリカのアメリカン・バンクノート社とセキュリティ・バンクノート社、香港の中央書局と大東書局などに印刷を委託していた。

例えば、中央銀行の「拾円券」だけでも数種類の紙幣があり、同年発行の紙幣でも印刷所が異なると図案や漉入れなども異なるのである。

登戸研究所第三科では、これらすべての紙幣を偽造していたが、主力は「拾円券」である。それは偽造法幣の発行額を中国における法幣発行額の十パーセント以上としていたためで、「五円券」では二倍印刷しなければならないから、高額の「拾円券」の方を主力としたのである。

2　対支経済謀略実施計画

五相会議が「時局ニ伴フ対支謀略」を決定したころ、謀略の担当部課である大本営陸軍部（参謀本部）第二部第八課および陸軍省軍事課でも、密かに法幣の偽造計画が策定されていた。

第二部第八課は別名「謀略課」と言われ、一九三七（昭和十二）年十一月二十日の大本営設置と同時に誕生した謀略・諜報・宣伝等の統轄部課であり、従来、各部課で個別的に実施されていたものを一元的に統轄するために設置された課である。初代課長には「汪兆銘工作」で有名な影佐禎昭大佐が任命された。

中国における通貨工作は、もともと参謀本部第二部第七課の「支那課」が主に担当していた。そのため、法幣の偽造計画も当初は支那課で計画され、相手国経済攪乱の手段として敵国紙幣を偽造する研究をしていた兵要地誌班の佐藤末次主計大尉が担当、のちの「対支経済謀略実施計画」のもとになる「対支経済戦要綱」を立案していた。

一九三八（昭和十三）年一月十六日、近衛内閣は「国民政府を相手にせず」との声明を発表した。政府は不拡大・早期解決の方針で、国民政府の汪兆銘を通じて和平工作を進める一方、国民政府を潰すためにあらゆる非常手段をとるようになる。

このような状況のなかで、陸軍が対中国経済謀略の重点目標として実施した作戦に、登戸研究所第三科が担当した「杉工作」がある。

この作戦は「蔣政権ノ法幣制度ノ崩壊ヲ策シ以テソノ国内経済ヲ攪乱シ同政権ノ経済的抗戦力ヲ潰滅セシム」という方針のもと、中国の正式通貨である法幣を大量に偽造して、中国国内にインフレーションを起こさせ、蔣介石政権の息の根を止めようとするもので、「時局ニ伴フ対支謀略」の第五項を受けて策定された作戦である。法幣偽造工作全体の秘匿名を「杉工作」。中国での実施機関の秘匿名を「松機関」と称することとした。

計画の実行責任者は、佐藤末次主計大尉の後任の山本憲蔵主計少佐（のちに大佐）である。山本主計少佐はその後、陸軍登戸研究所第三科長となり、敗戦まで法幣の偽造に関わることになる。

山本主計少佐は参謀本部第七課の兵要地誌班時代、対中国経済謀略のための「対支経済謀略実施計画書」を、第七課を通じて謀略担当の第八課に提出していた。この実績をかわれ、参謀本部第八課兼務という肩書きで、参謀本部から第三科長に派遣されたのである。

この計画書の内容は、戦後、山本憲蔵が著わした『陸軍贋幣作戦』によれば、次のとおりである。

対支経済謀略実施計画

一、方　針

蔣政権ノ法幣制度ノ崩壊ヲ策シ以テソノ国内経済ヲ攪乱シ同政権ノ経済的抗戦力ヲ潰滅セシム

二、実施要領

1　本工作ノ秘匿名ヲ「杉工作」ト称ス

2　本工作ハ極秘ニ実施スル必要上之ニ関与スル者ヲ左ノ通リ限定ス

イ　陸軍省

大臣、次官、軍務局長、軍事課長、担当課員

ロ　参謀本部

総長、次長、第一部長、第二部長、第八課長、担当参謀及部付将校

ハ　兵器《マ》行政本《マ》部

本部長、総務部長、資材課長

3　謀略資材ノ政策ハ陸軍第九《マ》科《マ》学研究所（以下登戸研究所ト略称ス）ニ於テ担当スルモ必要ニ応シ大臣ノ認可ヲ得テ民間工場ノ全部又ハ一部ヲ利用スルコトヲ得

但シ機密保持ニ万全ヲ期スルヲ要ス

4　登戸研究所ニ於テ製作スヘキ謀略資材ニ関スル命令ハ陸軍省及参謀本部担当者ニ於テ協議ノ上直接登戸研究所所長ニ伝達ス

5　謀略資材完成シタルトキハ其種類数量ヲ陸軍省及参謀本部ニ直チニ報告スルモノトス

6　参謀本部ハ陸軍省ト協議ノ上送付先ヲ定メ所要ノ宰領者ヲ附シ極秘書類トシテ所定ノ機関ニ送付ス

7　支那ニ本謀略ノ実施機関ヲ置ク（以下本機関ノ秘匿名ヲ松機関ト称ス）

本機関ハ差当リ本部ヲ上海ニ置クモ支部又ハ出張所ヲ対敵貿易ノ要衝地域並ニ情報収集ニ適シタル地点ニ置クコトヲ得

8　本工作ハ敵側ニ対シ隠密連続的ニ実施シ経済攪乱ヲ主タル目的トス

9　コレカタメ法幣ヲ以テ通常ノ商取引ニヨリ軍需及民需ノ購入ヲ原則トスル
獲得セル物資ハ軍ノ定ムル価格ヲ以テ各品種ニ応シ所定ノ軍補給廠ニ納入シ
得タル代金ハ対法幣打倒資金ニ充当ス
但シ別命アルトキハコノ限リニアラス

10　松機関ハ松工作用資金並ニ獲得シタル資材ヲ常ニ明確ニシ毎月末資金及資材
ノ状況ヲ陸軍省及参謀本部ニ報告スルモノトス

11　松機関ハ機関ノ経費トシテ送附セル法幣ノ二割ヲ自由ニ使用スルコトヲ得

参謀本部に「対支経済謀略実施計画」が提出された時期は、一九三八（昭和十三）年の十二月であると推測される。計画書には日付がないが、松機関長の岡田芳政少佐が参謀本部第二部長から、陸軍大臣および参謀総長承認済みの「別紙計画書ニヨリ通貨謀略ヲ実施スヘシ」という命令を受け取ったのが十二月ということなので、同時期のものであろう。

この計画書が提出された時期が十二月だとすると、内容にいくつかの間違いがある。実施要領2のハには「兵器行政本部」と記載されている。しかし兵器行政本部が

写真4－1　陸軍登戸研究所第3科建物

設置され時期は一九四二（昭和十七）年の十月で、この時期に該当するのは「陸軍兵器本廠」である。また、実施要領の3には「陸軍第九科学研究所」と記載されているが、登戸研究所が陸軍第九科学研究所という名称を使用したことはない。この時期は「陸軍科学研究所登戸出張所」であり、登戸研究所に番号が付けられるようになったのは、一九四一（昭和十六）年六月からの「陸軍技術本部第九研究所」が最初である。

このような間違いがあるので、原本は極秘資料のため敗戦時に焼却されたものと思われ、そのため、この計画書は戦後、山本が新たにまとめ直したものではないかと思われる。

3　杉工作と松機関

日中戦争がはじまると、日本政府は重慶の蔣介石との間に水面下の和平工作を進めた。ドイツのトラウトマン中国駐在大使を仲介して行った「トラウトマン工作」や「桐工作」などが有名であるが、結果はすべて失敗に終わった。そこで、陸軍省の影佐禎昭軍事課長が中心となり、国民政府の汪兆銘を引き出し、南京に傀儡政権である「新国民政府（南京政府）」を樹立させたのである。

日本軍は華中では軍票を使用していたが、軍票は日本軍の占領地域でしか使用できず、いったん法幣に交換しなければ物資を購入できない状況であった。そこで軍は登戸研究所で進められている偽造法幣に大きな期待をかけたのである。

第三科が進めている偽造法幣を使用すれば、アメリカやイギリスを中心とする海外からの蔣介石援助物資を買い占めることも可能で、物資の購入に偽造法幣を大量に流通させれば経済攪乱にもなり、自分の懐を痛めないで日本に不足しているガソリン等も買い付けることができるというものであった。

この計画の実行のために、一九三九（昭和十四）年十月、支那派遣軍参謀部二課に赴任していた岡田芳政少佐を長とする「松機関」が杉工作の拠点として上海に設置され、すでに中国で活躍していた政商阪田誠盛を長とする「阪田機関」も実行機関として同時に設置された。岡田芳政少佐と阪田誠盛との関係は古く、第一次山東出兵の際に北京に行ったとき、満州鉄道の留学生として北京大学にいた阪田と知り合ったのが最初であるという。

満州事変以後、日本軍は防共と資源確保のため、華北を国民政府から分離し、日本の支配下におこうとする華北分離政策をとっていた。その最初の作戦が一九三三（昭和八）年の熱河侵攻作戦であった。この作戦は一月、山海関で日中両軍が衝突したのを発端にはじまったが、これは支那駐屯軍の謀略によるもので、この作戦のために満州事変の首謀者の一人であった板垣征四郎少将（当時は満州国執政顧問）を、謀略工作のために天津に潜入させている。

板垣少将の下で謀略工作を担当したのが、のちに北京で対重慶工作謀略機関（茂川機関）長になった茂川秀和大尉である。茂川大尉は謀略工作に従事するなかで、中国の秘密結社「青幇」との関係を深めていったが、もう一人、青幇との間に太いパイプを築いた人物に、阪田誠盛がいた。

熱河侵攻作戦は華北分離工作のほかに、関東軍のアヘン獲得作戦の側面をもっていたと言われる。熱河地方はアヘンの産地であり、東北軍（張学良軍）の財源である熱河アヘンを奪い、これを満州国の財源にすることが目的のひとつであったからである。このアヘンの輸送と密売を扱ったのが阪田誠盛であった。

青幇はもともと揚子江流域の水上生活者が、塩やたばこ、農産物などを運搬するための組織として成立したものであるが、歴代政権の弾圧のために地下に潜行するようになり、アヘンの密売など中国の闇の経済を支配するまでになっていた。このアヘンの密売を通して、阪田と青幇は太いパイプを築いていったのである。

中国における杉工作の組織が整いはじめた一九三九（昭和十四）年、登戸から山本主計少佐が数十枚の偽造五円紙幣を携えて上海に出張した。この偽造紙幣は、登戸で製造される前から陸軍科学研究所の篠田鐐研究室で手掛けられていたものであったが、実際に使用可能であるのか調査するために、当時第三科長であった山本主計少佐が持参したものであった。

このときの五円紙幣は素人目にも「ニセ物」とわかるもので、実際に使用することはできなかった。本物そっくりの偽造紙幣が上海に届けられるようになったのは、登戸研究所第三科の設備が整った翌年の四月になってからである。この輸送には、陸軍中野学校の出身者があたった。

第三科の偽造法幣工作に当初から関わった人物に大島康弘（元明和グラビア㈱会長）がいる。大島が登戸研究所の第三科に入所したのは一九三九（昭和十四）年で、まさに「杉工作」がはじまったばかりのころである。また、この年は登戸研究所が本格的に技術系学生を大量採用した最初の年でもある。

大島が入所してまず驚いたのが、第三科の建物だけが板塀で囲まれていたことだ。大島は当時の様子を「第三科の建物だけ有刺鉄線を張り巡らした板塀で囲まれていました。この科に採用された工員や女子挺身隊員は身元調査が厳しくされ、第三科の建物のなかに入れるのは篠田所長と第三科の所員のみでした」と語っている。

これは偽造紙幣を作ることが国際法違反であったのと、少しでも内容が外部に漏れてしまえば、杉工作そのものが破綻してしまうためである。

大島は第三科で自身が担当した研究について、次のように述べている。

「紙幣はその国の最高レベルの印刷技術が投入されています。中国の紙幣も凸版、凹版と二つの版式を用い、表裏で十色以上もの印刷法で出来ています。凹版印刷は立体的に印刷できるため偽造が難しいのです。なかでも人物の顔が特に難しい、彫刻の深さで印刷後のインキの厚みが違ってしまう。私はその顔の部分を担当していたのです」

大島が担当した顔の部分は、印象が違うとすぐに偽造紙幣とわかってしまう。現在でも多くの国が自国の紙幣に人の肖像を採用しているのはそのためである。

凹版印刷は「ビュラン」という彫刻刀で彫った部分にインキが入り、それを印刷するのでインキが盛り上がって印刷される。さらに、インキが定着しやすいように用紙を濡らして印刷する。このため用紙に伸び縮みが生じてしまう。このことを考慮して原版を作らなければならず、凹版印刷の原版作成は最も難しい作業の一つであった。

このような困難を克服し、本物そっくりの偽造法幣が作られるようになったのは、一九四〇（昭和十五）年になってからである。その後、イリス四色ロータリー印刷機など当時としては最高の設備が整い、一日十万枚、金額にして百万円の偽造法幣が刷られるようになった。

本物そっくりの偽造法幣が完成し、松機関に送られてくるようになると、中国側の受け入れ体制も強化された。阪田はすでにある「民生貿易公司」（上海）だけでなく「誠達公司」（本社上海、支社寧波）などを設立、中国大陸に張り巡らされた膨大な支店網を使い、阪田と青幇の除采丞との日中合弁会社である「華新公司」（上海）や除采丞が社長をしている「民華公司」（本社上海、支社蚌埠）など、中国側の商社を通じて偽造法幣を流通させていった。また、物資の購入には海軍の「萬和通商」（上海）なども利用された。この萬和通商の責任者はロッキード事件で有名になった児玉誉士夫である。児玉はこのときの財産で、戦後、政界のフィクサーになったと言われている。

日本軍が偽造法幣の重点使用地区としたところは、華中の寧波、金華、蚌埠と華南の広東（現広州）、マカオなどであった。

寧波では南京政府（汪兆銘）側の唯一の軍隊である謝文達の軍に影佐禎昭大佐を責任者とする「梅機関」を通じて軍費を提供、金華では主にタングステンなどの鉱産物を、蚌埠では穀物・木材・桐油などの調達にあたり、広東やマカオでは松機関の支部である「松林堂」を通じ石油やガソリンなどを調達している。

中国側の商社はいずれも青幇の首領である杜月笙の傘下で、日本側から流す偽造法幣と引き換えに調達した物資を松機関に納め、さらに松機関から軍需物資は貨物廠に、民需物資は統制組合に時価で売り渡す仕組みになっていた。

青幇は日本軍と関係をもつ以前から、重慶の国民政府とも密接な関係をもっていたことから、国民政府側も杉工作の内容を杜月笙らを通じて知っていたものと思われる。偽造法幣のことを知りつつ、この事実を明らかにしなかった理由は、予想をはるかに超えた中国経済のインフレーションのためで、実際、法幣の発行高が急激に増加したため本物の法幣も不足するという状況になり、本物と区別がつかない偽造法幣もそのまま流通させようとしたものと思われる。

敗戦までに印刷された偽造法幣は約四十億円といわれ、そのうち現地で流通したものは約二十五億円で、差額の約十五億円は、敗戦直前の七月と八月に製造されたものと輸送中のものであったと言われている。

法幣の発行高は、太平洋戦争がはじまった一九四一（昭和十六）年末で百五十一億円、これに対し偽造法幣は三千円であった。さらに、一九四一（昭和十六）年十二月に日本軍は香港島を占領したが、このとき鹵獲した法幣印刷工場である中華書局と大東書局で拾円券の原版を発見し、その後登戸研究所第三科で本物の原版を使用し法幣が大量に印刷されるようになったが、中国の法幣発行高にはなかなか追いつかず、同年末で中国の法幣発行高は一千八百九十五億円、これに対し偽造法幣は十三億円であり、敗戦時における法幣発行高は五千五百六十九億円といわれているので、いずれの場合も偽造法幣の割合は一パーセント未満である。

偽造法幣は物資の購入には役立ったが、本来の目的である経済謀略によりインフレーションを起こすことについては、中国の急激なインフレーションの前にかすんでしまったのである。

図4-1は、筆者が作成した登戸研究所第三科を中心とした杉工作における関係図である。

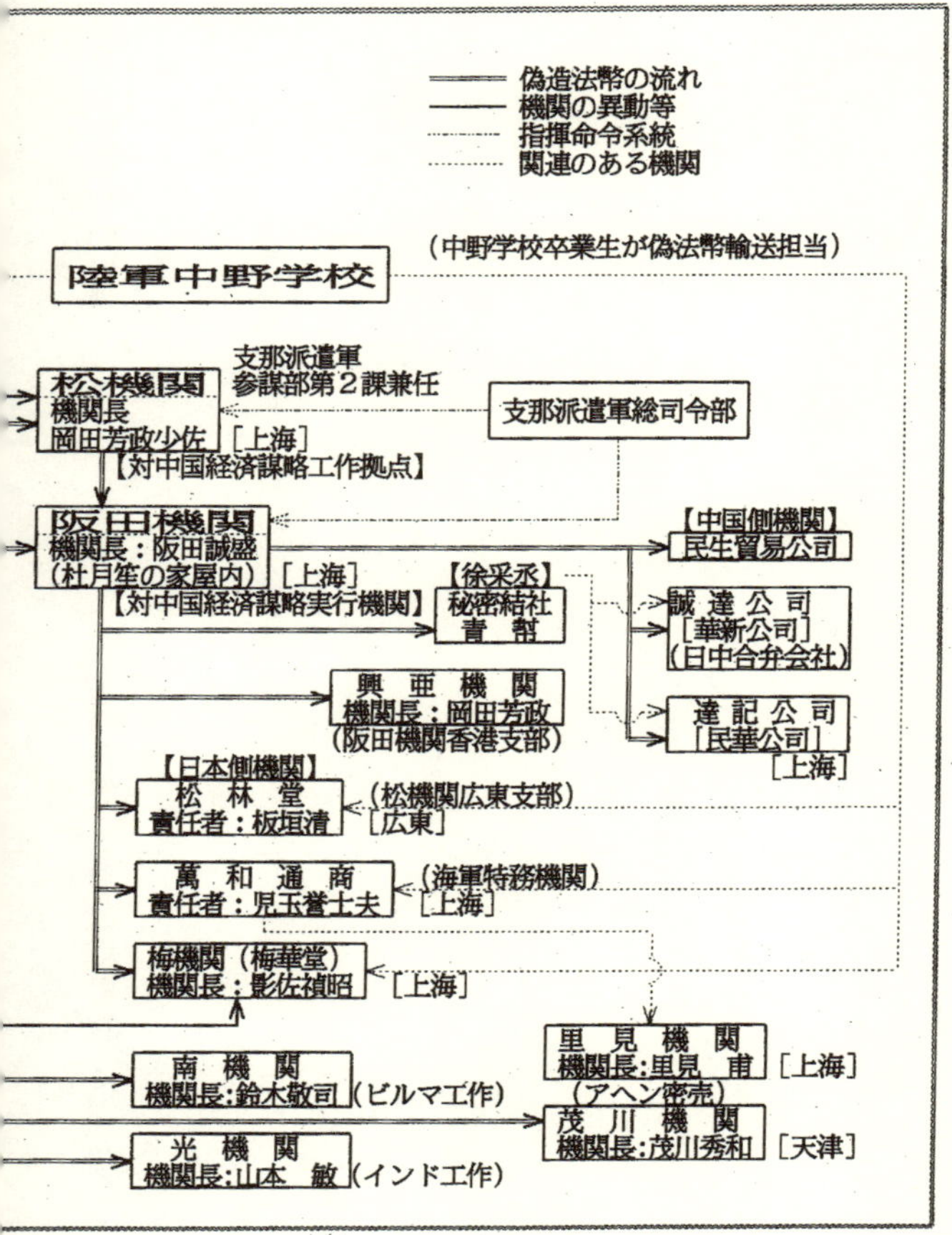

偽造法幣の流れ
機関の異動等
指揮命令系統
関連のある機関
(中野学校卒業生が偽法幣輸送担当)
陸軍中野学校
支那派遣軍
参謀部第２課兼任
松機関
機関長
岡田芳政少佐
[上海]
支那派遣軍総司令部
【対中国経済謀略工作拠点】
阪田機関
機関長：阪田誠盛
(杜月笙の家屋内)
[上海]
【対中国経済謀略実行機関】
【徐采丞】
秘密結社
青幇
【中国側機関】
民生貿易公司
誠達公司
[華新公司]
(日中合弁会社)
興亜機関
機関長：岡田芳政
(阪田機関香港支部)
達記公司
[民華公司]
[上海]
【日本側機関】
松林堂
責任者：板垣清
(松機関広東支部)
[広東]
萬和通商
責任者：児玉誉士夫
(海軍特務機関)
[上海]
梅機関（梅華堂）
機関長：影佐禎昭
[上海]
里見機関
機関長：里見甫
[上海]
(アヘン密売)
南機関
機関長：鈴木敬司
(ビルマ工作)
茂川機関
機関長：茂川秀和
[天津]
光機関
機関長：山本敏
(インド工作)

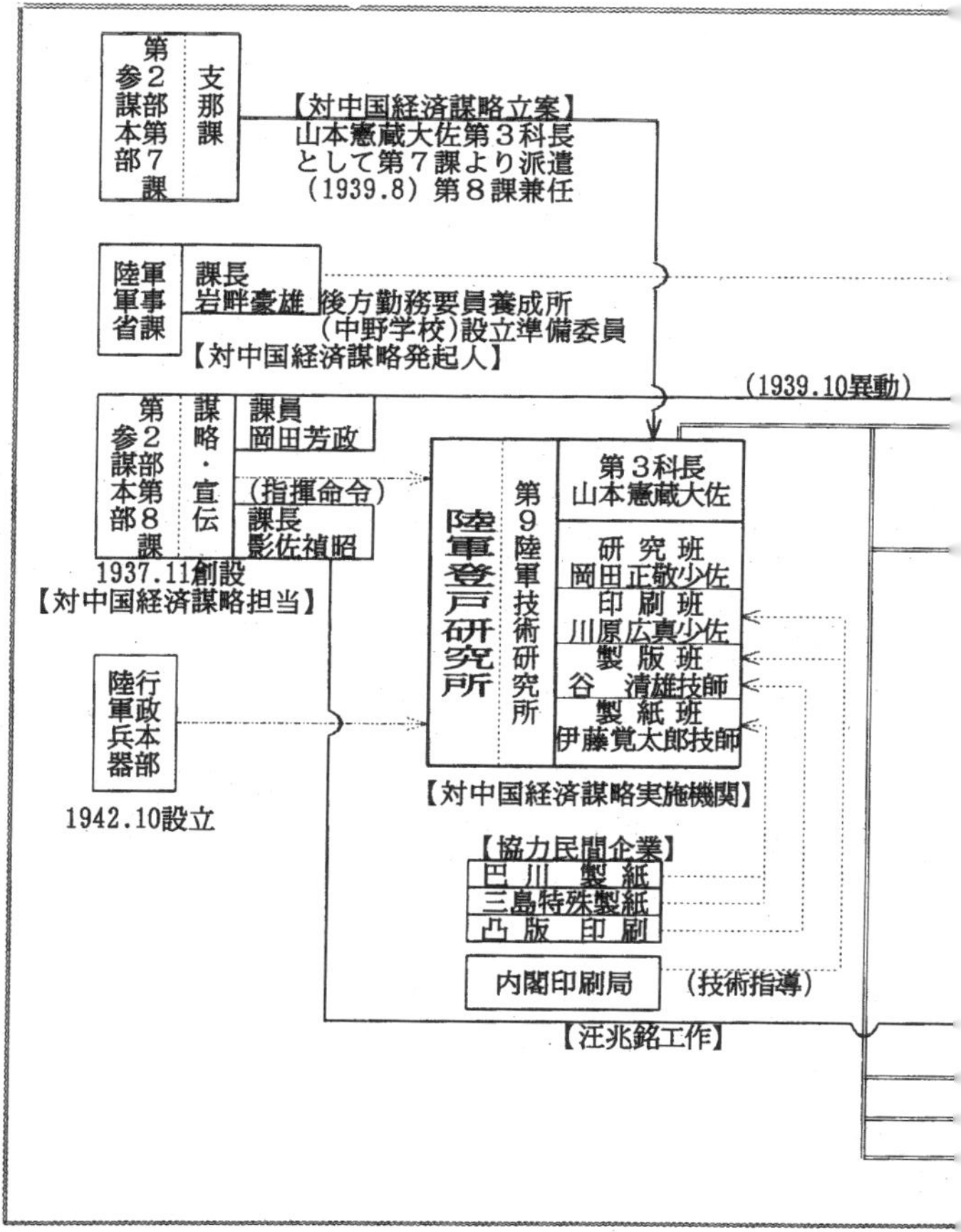

図4－1　杉工作における関係図（作図　木下健蔵）

第五章　陸軍登戸研究所と情報機関

1　参謀本部第二部

登戸研究所が参謀本部（大本営陸軍部）の第二部第八課、通称「謀略課」の指揮下にあったことは既に述べてきたが、ここで改めて陸軍における第一次大戦後の情報関係の歴史についてまとめておきたいと思う。

参謀本部のなかで「情報」を担当してきた部署は第二部である。

一九二〇（大正九）年八月十日の編成改正で、演習業務を庶務課から分離し第一部第四課として独立させた。これに伴い、第二部の第四課・第五課が第五課・第六課となった。第五課は外国情報担当の課で、第一班（ロシア）・第二班（イギリス）・第三班（アメリカ）・第四班（ドイツ）・第五班（フランス）からなり、第六課は第六班（支那情報）・第七班（兵要地誌）から構成されていた。

一九二八（昭和三）年八月十五日、第二部の第五課（外国情報）は第四課に、第六課（支那・地誌）は第五課となり、以前の課編制に戻っている。

また、同年十月の「参謀本部高等官職員表」によれば、第四課は第一班（アメリカ）・第二班（ロシア）・第三班（ヨーロッパ）・第四班（課報）、第五課は第六班（支那情報）・第七班（兵要地誌）となっているが、第五班は該当するところが見当たらない。

一九三〇（昭和五）年七月、「参謀本部服務規則」が改正され第五課に暗号解読と使用暗号の立案業務が加えられ、空白の第五班に暗号班としての任務が与えられた。この暗号班は一九二七（昭和二）年七月に参謀本部第三部第七課、通称「通信課」に設置された班である。

一九二八（昭和三）年五月、中国で済南事件が発生すると、陸軍は中国軍の暗号通信を傍受・解読する上で大きな成果をあげた。このような成功は、情報を担当する第二部と通信課が所属する第三部との間で、暗号および暗号解読の主管をめぐる縄張り争いを引き起こす結果となり、それを抑えるために組織の改編が行われ、暗号班は通信課から分離され、前述のように第五課の監督下に置かれるようになったのである。

一九三六（昭和十一）年七月二十四日、〈軍令陸第一一号〉「参謀本部条例」改定により、第二部第四課の第二班（ロシア班）は第五課としてソ連情報担当の課として独立した。これに伴い従来の欧米担当の第四課が第六課に、中国情報担当の第五課が第七課に変更されている。

それまで第二部では中国のみが独立した第五課（支那課）として存在、それ以外の国は第四課（欧米課）として存在していたにすぎなかった。しかし、陸軍では一九〇七（明治四十）年の第一回「帝国国防方針」以来、一貫してロシア（ソ連）を仮想敵国としてきたが、参謀本部においてはロシア情報を専門とする課は存在しなかったのである。

仮想敵国の一番目においているロシアでさえ、一九三六（昭和十一）年の「参謀本部条例」の改編により、はじめて専門の課が設置されたことを見ても、いかに日本の陸軍が情報というものの価値を低く見ていたかがわかる。

参謀本部では情報は第二部が担当していたが、実際の戦略・戦術は第一部の「作戦課」が担当していた。しかし当時の日本軍では、陸軍と海軍が協力して作戦遂行を行わなかったように、参謀本部においても第一部の作戦担当と第二部の情報担当の間で密接な連絡が取られていない。この原因は、作戦課の独裁性と閉鎖性にあったと言われている。

戦後、アメリカ政府に提出された『日本陸海軍の情報部について』という調査書がある。このなかでアメリカ軍が日本軍の情報活動をどのように見ていたか述べた部分がある。その要点は次のとおりである。

① 軍部の指導者は、ドイツが勝つと断定し、連合国の生産力、士気、弱点に関する見積もりを不当に過小評価してしまった。

② 不運な戦況、特に航空偵察の失敗は、最も確度の高い大量の情報を逃す結果となった。

③ 陸海軍間の円滑な連絡が欠けて、せっかく情報を入手しても、それを役立てることが出来なかった。

④ 情報関係のポストに人材を得なかった。このことは情報に含まれている重大な背後事情を見抜く力の不足となって現われ、情報任務が日本軍では第二次的任務に過ぎない結果となって現われた。

⑤ 日本軍の精神主義が情報活動を阻害する作用をした。軍の立案者たちはいずれも神がかり的な日本不滅論を繰り返し声明し、戦争を効果的に行なうために最も必要な諸準備をないがしろにして、ただ攻撃あるのみを過大に強調した。その結果彼らは敵に関する情報に盲目になってしまった。

日中戦争が政府の不拡大方針とは反対に拡大の方向に進みはじめると、宣伝・謀略によって早期解決を図ろうとする動きが出てきた。そのため、参謀本部においても謀略を担当する部署の設置の必要性に迫られることになり、一九三七（昭和十二）年十一月一日、第二部に宣伝・謀略を担当する課として第八課（通称「謀略課」）が設置され、初代課長に中国通の影佐禎昭大佐が任命された。

影佐禎昭大佐は、一九三七（昭和十二）年八月に参謀本部第二部第七課（支那課）長、同年十一月に初代第八課（謀略課）長、一九三八（昭和十三）年六月に陸軍省軍務課長、一九三九（昭和十四）年六月に梅機関（汪兆銘工作機関）長を歴任している。

さらに、十一月十七日には〈軍令第一号〉「大本営令」により、大本営が設置（十一月二十日）され、参謀本部は第四課を除きその他の課は「大本営陸軍部」となった。しかし、参謀本部の内部組織に変更はなく、大本営陸軍部と参謀本部は実質的には一体のものであった。

第八課が設置されたのは十一月一日であるが、実質的な活動は大本営陸軍部の誕生と同時である。なお、正式に参謀本部に第八課が設置されたのは一九四〇（昭和十五）年八月になってからで、そのため、この期間は大本営陸軍部と参謀本部の間に編成上の違いが生じている。

十一月二十日付の「大本営陸軍部幕僚業務分担規定」（軍事秘密）によれば、第二部の業務分担は以下のとおりである。

表5－1　第二部の業務分担

第二部	
第五課（ロシア課）	蘇連邦及其隣邦諸国ノ軍事、国勢、外交、作戦資料及兵要地理ノ調査ニ関スル業務
第六課（欧米課）	第五、第七課担任以外ノ外国ノ軍事、国勢、外交、作戦資料及兵要地理ノ調査ニ関スル業務
第七課（支那課）	中華民国及満州国ノ軍事、国勢、外交、作戦資料及兵要地理ノ調査ニ関スル業務
第八課（謀略課）	対外一般、情勢判断ニ関スル事項 謀略、防諜、宣伝並国内ノ情報ニ関スル事項 科学諜報ノ計画、実施及防衛ニ関スル業務

登戸研究所は、編成上は陸軍技術本部（陸軍兵器行政本部）の隷下にあったが、実質的には第八課の指揮下にあり、命令はすべて第八課を通じて行われていたのである。

その後、第八課は一九四三（昭和十八）年十月十五日の大本営陸軍部の改編により、「第四班」と名称が変更になり、謀略よりも情勢判断に重点が置かれるようになった。

これは、同年九月、太平洋に絶対国防圏が設定され、太平洋および南方方面からのアメリカ軍の反撃が予想され、またガダルカナル島の撤退などにより、謀略よりも総合的な情勢判断の方が優先されたためと思われる。

十月十五日の「参謀本部服務規則」（軍事秘密）によれば、第四班の業務分担は次のとおりである。

［第四班の業務分担］

① 対外一般ノ総合情勢判断並之ニ伴フ外交、謀略、諜報ニ関スル事項。
② 防諜、宣伝並国内ノ情報ニ関スル事項。
③ 科学諜報ノ運用ニ関スル事項。

内容的には第八課とほとんど同じであるが、情勢判断が総合情勢判断となったことと、科学諜報の計画・実施・防衛に関する業務が科学諜報の運用となったことが違うだけである。科学諜報に関しては、一九四三（昭和十八）年七月十四日、〈軍令陸甲第六六号〉により科学諜報機関である「中央特殊情報部」が設置され、そちらに業務が移管されたためである。

2 陸軍中野学校

登戸研究所と最も密接な関係にあった各部機関が陸軍中野学校である。陸軍中野学校は諜報・謀略（秘密戦）要員のための養成機関で、一九三七（昭和十二）年十二月、陸軍省兵務局に設立準備事務所を設置し、翌年四月「防諜研究所新設ニ関スル命令」により、応急的施設として東京九段の愛国婦人会本部付属の別館を借り受けて準備を進め、同年七月、全国の陸軍士官幹部候補生出身者のなかから選抜された第一期生が入所、教育を開始した。

愛国婦人会本部の建物は仮のものであったので、一九三九（昭和十四）年三月、旧中野電信隊跡地に移転（新庁舎の完成は同年五月）、五月十一日〈軍令陸乙第一三号〉および「大臣決裁」により「防諜研究所」を廃止し「後方勤務要員養成所」と改称、七月第一期生が卒業した。

その後、一九四〇（昭和十五）年八月、「陸軍中野学校令」が公布され、陸軍大臣の隷下に属する「陸軍中野学校」へ改組したが、もともと参謀本部と密接な関係にある機関であったため、一九四二（昭和十七）年四月からは参謀本部の隷下となった。

陸軍において秘密戦に対応するために科学的な考えがとられるようになったのは、一九三六（昭和十一）年頃である。それ以前には、一九二八（昭和三）年に「統帥要領」を改訂した、「諜報宣伝勤務指針」が情報機関の指針となっていた。

その目的は、「戦時情報統一機関ハ通常内閣ノ直属トシ、各方面ノ情報、宣伝及保安ノ諸勤務ヲ統制シ、且其一部ヲ実施スヘキモノトス」というものであった。

しかし、この指針は内閣情報局などの広報機関に適用されたのみで、実際にはその機能は十分に発揮されていなかった。そこで、兵務局課員の岩畔豪雄中佐は秘密戦には科学性が必要であるとの立場から、参謀本部に「諜報謀略の科学化」という意見書を提出し、科学性をもった秘密戦要員養成機関の設立を願い出たのである。

この意見書を受けて、陸軍においても秘密戦の要員養成機関設立の必要があるとし、陸軍省が中心となりその準備が進められることになった。しかし、参謀本部第二部（情報担当）では臼井茂樹中佐（後に参謀本部第二部第八課長）が一人熱心にその必要性を主張しただけで、ロシア課を除き他の課は設立に無関心であったと言われている。

参謀本部第二部の他の課（支那課・欧米課）が反対した理由は、各課から情報収集のために関係国に大使館付武官を派遣していたためで、専門の養成機関が設立されれば、駐在武官の必要性がなくなってしまうというためであったと思われる。ここでも、各セクションの縄張り争いが見られ、情報の一元化という発想がない。

それでも、岩畔中佐と兵務局分室の設立メンバーである秋草俊中佐、福本亀治中佐らが中心となり陸軍省の上層部に働きかけた結果、陸軍省兵務局に一九三七（昭和十二）年十二月、設立準備委員会が開設されたのである。これは前月に大本営が設置され、同時に謀略を担当する第八課が誕生したことが大きな要因となっている。

もともと多くの協力があってできた機関ではないので、機関設立のための予算もなく、その上、極秘の機関であったので制約も多く、場所の選定すらままならない状態であった。そこで、要員の養成は緊急を要するので、とりあえず学校としての設備が整うまでの過度的な措置として、九段の愛国婦人会本部の別館が使用されることになった。

秘密戦要員のための機関の名称を「防諜研究所」とし、後に勅令により「後方勤務要員養成所」として開校したのである。しかし、この養成所にしても正式の学校ではなく、正式の学校である「陸軍中野学校」になったのは、一九四〇（昭和十五）年八月になってからで、初代校長には北島卓美少将が任命された。ここにおいて、秘密戦の内容が明確に体系化されるに至ったのである。

当時、陸軍省軍事課長となっていた岩畔豪雄大佐は陸軍中野学校設立にあたり、以下のような「秘密戦要員教育の基本的態度」をまとめている。

① 組織力の重視（従来の単独勤務養成とは異なり、あくまで秘密戦を遂行する組織の一人であることが必要）。
② 高度な科学技術の重視。
③ 各要員の持つ専門的知識と資格を十分に活用する。
④ 確固不動の信念に燃える不屈の人間養成。

①と②は、今までの情報活動のネックになっていたものである。特に秘密戦の科学性という面から、要員の教育と同時に器材の研究開発を併行して行う必要が力説された。

当然のことながら、秘密戦のための器材は登戸研究所（当時の名称は、登戸出張所）に依頼されることになり、これらの秘密戦器材の指導のために、登戸研究所の所員が講義に出かけている。

陸軍中野学校は秘密機関であったので正式名称の看板はなく、門札も「陸軍省通信研究所」や「参謀本部史実調査部」が使用された。「参謀本部史実調査部」の分室が陸軍軍医学校に隣接して建っていたことが、筆者らの聞き取りの結果、明らかになった。この事実を証言してくれたのは、防疫研究室に勤務していた元主計大尉の天野良治である。このことは陸軍中野学校と防疫研究室などの関係を知る上で重要な意味をもつものと思われる。

登戸研究所は秘密戦資材の研究開発を行っていたところであるが、これらの資材（兵器）を実際に使用したのは、陸軍中野学校出身の秘密戦士や憲兵隊員である。そこで使用されたテキストに『秘密戦概論』がある。

『秘密戦概論』は、総論、各論、防諜の三章からなり、定義、手段、実施要領など多方面に記述されている。そのなかで、「秘密戦とは、常に目的を秘匿したる裏面工作である。知能的策謀である。平戦両時にわたり国家の各種部門にわたり行われるものである」と述べ、「秘密戦とは、何よりもその目的をかくすことである。それだけでなく、その工作手段がかくされたときはいっそう高度の秘密戦である」と規定している。

『秘密戦概論』の第二章は、謀略・諜報・宣伝の手段を述べている。なかでも謀略は秘密戦の主体であると言う。すなわち、「謀略とは国家がその対外国策を遂行するため、目的を秘匿して秘密裡に行う知能的策謀であって、その執りたる手段に依り直接又は間接に相手国を害する行為をいうのである」と定義し、「その行為は通常極めて科学的に計画し、計画的に実行せられるもの」であり、「相手国の国家機能を阻害し、国家の減退を計り、国際的地位の低下を求め、若しくは国家間の協同を阻害、破壊し、若しくは国防上の直接的破壊、低下等を求めるものである」としている。

経済謀略の実行例としては、偽札法幣の製造により中国国内にインフレーションを起こすという、登戸研究所第三科が実施した「杉工作」があるが、同書では経済謀略について次のように述べている。

「経済謀略とは、相手国の総合経済力の破壊、弱化等を目的として総合経済力の組成要件を破壊し、若しくは之に離間矛盾を生ぜしめる工作である」。その対象としては「謀略を指向すべき経済面は、生産、防疫、金融、為替等と、此等の基礎たるべき経済機構とである」と述べ、さらに「経済機能の内、配給機能の破壊は直ちに大衆の生活に影響を与え治安効果を発生し、之により即効的に謀略効果を求め得るものである。之が為先ず、運輸機能を攻撃し、配給攪乱は特に重視するを要する」と述べている。

さらに、テロ謀略については、「他の謀略とテロ謀略とを併用するときに於ては、テロ謀略は秘密戦の本質的効果招致を促進するところの初動要素たることが出来よう。しかしながら文化の未だ高くない国家の主権者に対するもの若しくは全体主義国家の主権者に対するテロ行為は往々にして一挙、該国の崩壊を策し得る誘因を組成し得る場合も亦少なくないであろう」と述べ、最初に「相手国の特定者の政治思想の変更又は相手国政治中枢に自国派の者又は自国の者を入れること」を実行し、次の段階として「自国の希望する政策、革命等に因り自国陣営の強化、相手国の崩壊、新国家の建設等を行うこと」と、謀略の実行方法が述べられている。

沖縄戦のときの秘密戦は陸軍中野学校の出身者によって実行されたが、その保管文書であった『秘密戦ニ関スル書類』のなかでも、謀略の重要性が述べられている。

謀略ハ最悪ノ場合ニ用フル手段ニシテ細部ニ関シテハ其ノ都度指示スルモ本特務機関員ハ主トシテ敵陣地及糧秣・弾薬等ノ破壊及飲料水ヘノ毒物撒布等ニ奇襲肉攻セシムルヲ以テ其ノ決意ヲ堅持シ置クコト

文中の特務機関とは、沖縄における国頭支隊の秘密戦機関であった国士隊のことである。国士隊は、一九四五（昭和二十）年三月四日付「国頭支隊秘密戦機関〈国士隊〉結成ノ件報告」によれば、三月十二日に結成され、その目的は、「緊迫セル諸情勢ニ鑑ミ地方側ニ秘密戦特務機関ヲ設置シ一般民衆ニ対スル宣伝防諜ノ指導及民情ノ把握並最悪事ニ於ケル諜報戦ノ活動ヲ強化ス」と述べられている。

宣伝謀略（プロパガンダ）について『秘密戦概論』は、「相手の感情と理性とを我の希望の如く調整する作業である」と定義し、宣伝にはあらゆる媒体を使用することが必要であると述べられている。そして、「宣伝手段も数個の手段に依り、宣伝対象を挟撃し且再三再四之を反覆するを要する」と、宣伝手段について述べ、その宣伝を真実と思わせるためには、「宣伝謀略とは、主義として嘘をつくことではない。目的とする認識を与える如く真相を伝えること。事実を作為して伝えることをいうのである」と言っている。

しかし、宣伝謀略に関して重要なことといえば、国外よりも「国内の大衆操作の手段」として利用されたということである。戦時中の「大本営発表」というものが、いかに多くの嘘を含んでいたか、戦後の歴史を見ればわかる。

戦時中の宣伝は、陸軍が大本営陸軍報道部、海軍が大本営海軍報道部、軍事以外の一般宣伝は内閣情報部の担当であったが、陸軍における宣伝謀略と対外対敵宣伝に関しては、第八課の担当となっていた。

わが国で宣伝の方法・手段などの研究がはじめられたのは、一九三二（昭和七）年九月十日に設置された、外務省の「情報委員会」が最初で、その後、一九三六（昭和十一年）七月一日〈勅令第一三八号〉により、内閣総理大臣の管理の下に官制による「情報委員会」となり、翌年九月二十五日には、〈勅令第五一九号〉により「内閣情報部」となった。

内閣情報部は国策遂行のための情報や啓発宣伝のための連絡調整機関にすぎず、新聞紙・出版物などに関する処分・指導取り締まりの権限を持つようになったのは、一九四〇（昭和十五）年十二月六日〈勅令第八四六号〉により「内閣情報局」となったときからである。

内閣情報局は、一般には言論統制の中心として注目されたが、軍事に関する報道は大本営の所管であり、実際には閣議決定事項の発表しかできなかったのである。

諜報について、『秘密戦概論』は次のように述べている。

「諜報とは、その行為の目的を秘匿して行う情報収集行為をいう」と定義し、目標として、「相手国を中心とする国際情勢、国内情勢、政治情勢、軍情、経済力その他経済一般の情況、思想情況、現在及び近き将来における国策、主要人物の行動・性格・経歴、重要地区の地形」をあげている。

そして、手段としては「経済、宗教、通信等の各種の組織体を敷置して行なうもの。特殊地下機関を設置して行なうもの。臨機に特派する諜報員に依って行なうもの。文書や無線に依って行なうもの等がある」と述べている。これらの諜報活動に関わっていたのが、陸軍中野学校出身者や憲兵隊員であった。

先の『秘密戦ニ関スル書類』では、諜報について、次のような具体的行動目標が指示されていた。

一、諜報ハ軍ノ作戦或ハ施策ニ及ス影響至大ナルモノアルヲ以テ的確、迅速ヲ旨トスルコト

二、防諜ハ〔国頭〕支隊長ノ特命ナキ限リ主トシテ担任区域内ニ於ケル

イ　容疑人物ノ発見

ロ　容疑者ノ行動監視

ハ　容疑物件（仮例、怪火、逆宣伝ビラ等）ノ発見、検索ニ従事スル他ニ担任区

域内ノ一般民心ノ動向ニ注意シ
（イ）反軍、反官的分子ノ有無
（ロ）外国帰朝者特ニ第二世、第三世ニシテ反軍、反官的言動ヲ為ス者ナキヤ
（ハ）反戦、厭戦気運醸成ノ有無、若シ有ラバ其ノ由因
（ニ）敵侵攻ニ対スル民衆ノ決意ノ程度
（ホ）一般民衆ノ不平不満言動ノ有無、若シ有ラバ其ノ由因
（ヘ）一般民衆ノ衣食住需給ノ状態
（ト）其ノ他特異事象（仮例、県内疎開ノ受入状況等）ヲ隠密裡ニ調査シ報告スルコト
三、最悪時ノ諜報ハ其ノ都度指示スルモ、敵ノ侵攻状況、兵力等ヲ検索報告スルモノトス

一九四五（昭和二十）年三月、陸軍中野学校は群馬県富岡町に疎開した。この時期は、登戸研究所が長野県に疎開してくる時期とも一致する。疎開先が富岡になった理由は、松代の地下豪に大本営が移転した際の戦略的な便宜などが考慮された結果だと言う。

この頃になると、陸軍中野学校の教育訓練の重点が「遊撃戦（ゲリラ戦）」教育に移行している。その専門教育をするための学校として、静岡県に「陸軍中野学校二俣分校」を前年の八月に開校している。当時の状況として、遊撃戦術を取り入れなければ、アメリカに対抗できない状態となっていたのである。

遊撃隊の戦闘に関する重要な書類がある。参謀本部が一九四四（昭和十九）年一月に作成した『遊撃隊戦闘教令（案）』である。この戦闘教令は、陸軍中野学校での遊撃戦教育の必要から作られたもので、その「総則・第1」には、遊撃隊の任務が、次のように述べられている。

遊撃隊ハ高級指揮官ノ企図ニ基キ、深ク敵中ニ潜行シ、敵司令部、飛行場、補給戦、其ノ他軍事施設等ヲ奇襲シ、要スレバ陽動ヲ行ヒ、亦ハ各種謀略ヲ併用スル等、敵後方ヲ脅威シ擾乱シ、軍ノ作戦ヲ容易ナラシムルヲ以テ、其ノ主要ナル任務トス

さらに、「攻撃実施・第71」には、攻撃手段の方法として、次のように述べられている。

秘密攻撃実施ノ手段ハ、人的目標ニ対シテハ主トシテ薬物、細菌、若クハ時限装置爆薬等ヲ使用シテ之ヲ殺傷シ、物的目標ニ対シテハ其ノ種類ニ応シ、通常時限装置ニ依ル爆破、焼夷又ハ毀壊ニ依リ之ヲ爆破ス。又之カ実施ト同時若クハ別個ニ謀略ヲ行ヒ、敵ノ兵員等ニ対スルヲ察知セシムルカ如キ憑拠ヲ残サザルヲ得バ有利タルモ、斯ル手段ナキ場合ニ在リテハ、初回ノ効果ヲ最大ナラシムルヲ可トス

特に、第71の条文が重要な意味を持つと思われるのが、「人的目標ニ対シテハ主トシテ薬物、細菌、若クハ時限装置爆薬等ヲ使用シテ之ヲ殺傷シ、物的目標ニ対シテハ其ノ種類ニ応シ、通常時限装置ニ依ル爆破、焼夷又ハ毀壊ニ依リ之ヲ爆破ス」という部分である。

ここに述べられているものと同じものが登戸研究所第二科でも研究・開発・製造されていたのである。薬物は「青酸ニトリール」、細菌は「炭疽菌」、時限装置爆薬は「缶詰爆弾」である。

第六章　陸軍登戸研究所と生物戦部隊

1　生物戦部隊の設立

一九三〇（昭和五）年、欧米諸国の視察から帰った軍医学校教官の石井四郎は、ヨーロッパで研究の進んでいた細菌兵器に興味を持ち、「わが国においても細菌戦の準備が必要である」と細菌兵器の研究を提唱した。

石井は細菌戦の研究のため、一九三二（昭和七）年八月、陸軍軍医学校に軍医五名からなる「防疫研究室」を開設した。この防疫研究室は、わが国における細菌戦の中枢となった機関であり、登戸研究所とも密接な関係にあった。第二章で述べたように、中国における人体実験などはこの研究室が中心となり実行された。

国内での細菌戦の準備が整うと、石井は旧満州（中国東北部）に細菌戦の実行機関を設立した。『陸軍軍医学校五十年史』は、そのときのことを次のように述べている。

満州防疫機関設立　防疫研究ノ基礎進ムニ随ヒ、防疫ノ実地応用ニ関シ石井軍医正ハ萬難ヲ排シ挺身満州ニ赴キ、防疫機関ノ建設ニ関シテ盡瘁セリ。而シテ該研究ノ実績挙ルヤ、内地ト不可分ノ関係ニ在ル在満各部隊ノ防疫上皇軍作戦ノ要求ヲ満タス必要上、昭和十一年遂ニ防疫機関ノ新設ヲ見ルニ至レリ。
同機関ハ内地防疫研究室ト相呼応シテ皇軍防疫ノ中枢トナルハ勿論、防疫ニ関シ駐屯地作戦上重要ナル使命ヲ達成セン事ニ邁進シツツアリ

ここに述べられている満州防疫機関とは、ハルビン郊外の背陰河に設置された「関東軍防疫班」で、後の「関東軍防疫給水部」、すなわち「満州第七三一部隊」のことである。

満州（中国東北部）に防疫研究機関を設立することは、すでに一九三三（昭和八）年頃からあったようで、同書の「昭和八年研究調査ニ関スル永久企画」では、「細菌ニ関スル特殊研究ノ為防疫教室職員ヲ満州ニ派遣シ研究ニ従事セシム」とある。

先の記述では、満州における防疫研究機関設立の目的は「防疫の実地応用」であると述べられているが、「永久企画」の方では「細菌に関する特殊研究のため」と述べられており、当初から防疫面の研究だけではなく、細菌戦のための研究が考えられていたことがわかる。

満州に設立された関東軍防疫班は、一九三六（昭和十一）年、「関東軍防疫部」（通称石井部隊）に格上げされ、同時に、もうひとつの細菌戦部隊「関東軍軍馬防疫廠」（通称高島部隊）も設立された。

登戸研究所が出張所となった一九三三（昭和八）年、中国に本格的な細菌戦のための研究・実験施設が、ハルビン郊外の平房に建設された。

前年の六月三十日、関東軍参謀長は〈関参命第一五三九号〉「平房付近特別軍事地域設定ノ件」を通牒し、平房に特別軍事地域を設定した。これは、細菌戦部隊である「石井部隊」のための本格的な研究・実験施設であり、最初から人体実験をすることを予定して、「丸太」と呼ばれた被験者を収容する施設も併設されていた。

平房の軍事特別地域に石井部隊の本部建物が完成したのは翌年のことである。周囲五キロメートルの本部には、細菌戦使用のための研究・培養を担当した第一部、細菌兵器の開発・実地試験を担当した第二部、細菌の生産を担当した第四部、細菌戦要員の教育を担当した教育部、細菌生産のための材料を担当した資材部、部隊員の診療を担当した診療部が置かれた。なお、本来の防疫給水の業務は第三部が担当したが、この部だけはハルビンに置かれていた。

その後、関東軍防疫部は一九四〇（昭和十五）年七月十日、〈軍令甲第一四号〉により「関東軍防疫給水部」と改称され、同年十二月二日には、牡丹江・林口・孫呉・ハイラルの四支部が編成された。

この間、一九三九（昭和十四）年四月には、華北に「北支那防疫給水部」が、華中に「中支那防疫給水部」が編成された。特に中支那防疫給水部は一九四一（昭和十六）年五月に、登戸研究所と合同で人体実験を行ったことで有名になった部隊である。

中支那防疫給水部は「支那派遣軍中支那防疫給水部」が正式名称で、秘匿名を「栄第一六四四部隊」、通称名を「多摩部隊」と言った。初代部隊長は石井四郎（七三一部隊長と兼任）、二代部隊長は太田澄、三代部隊長が増田知貞、四代部隊長が佐藤俊二、五代部隊長が近野寿男、そして六代部隊長が山崎新である。

2　一六四四部隊と一〇〇部隊の人体実験

登戸研究所と一六四四部隊との人体実験については第二章で述べたとおりであるが、元登戸研究所の研究員であり関東軍の特務機関員であった北沢隆次も、次のように語っている。

ただ、こういうことは言えますね。登戸研究所で作った物を上海の方へ持って行って、それを向こうで実験したということはわかります。
隠れた登戸の研究だったら、何でも使いますよ、それこそ。ハブというヘビ。他のヘビもいろいろありますけど、ハブの毒、あれがよく登戸にありました。それは土方の班の研究でね。ハブの毒というのは、注射すると、もう何秒とたたないうちに死んでしまうらしいのです。そのくらい即効性のあるものなんですよ。何秒か知らないけれど、死ぬまでは意識明瞭なんですよね。

ところが、土方が笑い茸の成分であるムスカリンの合成に成功して、それを登戸研究所で作っていたわけですよね。その笑い茸の毒素、ムスカリンは注射すると瞬間に意識が駄目になってしまうのです。ハブの毒だったら、死ぬまでは明瞭なんですね。そのため、ムスカリンのほうが合成できるので、毒物として有力と言われているんです。

一九四三（昭和十八）年上海において、登戸研究所第二科の技術将校らが南京と同様の人体実験をしていた事実も明らかになった。この実験は十二月から翌年の一月にかけて約一カ月続けられ、実行は上海の特務機関が担当した。

北沢の証言が上海での人体実験を前提に話しているのは、その内容から明らかである。なお、北沢は証言のなかでムスカリンを笑い茸に含まれる毒の成分と言っているが、ムスカリンはベニテングタケやアセタケ属のキノコの主毒成分で、笑い茸に含まれる毒成分はジムノピリンである。

この上海での人体実験について、作家の松本清張は『日本の黒い霧』のなかで、次のように述べている。

実験に使われたのは中国軍俘虜で、場所は上海特務機関の一室だった。昭和十八年十月のことで、すでに戦局が日本側に不利な時である。俘虜は三人ずつが密室へ閉じ込められた。周囲は、厳重な憲兵の警戒網がしかれている。その中に、白い手術着の軍医が立っていた。これはニセの軍医で、第九研〔第九陸軍技術研究所〕の所員だった。

医官に続いて、赤十字の腕章を付けた衛生兵（これも本部から特派された憲兵）が入り、すぐ俘虜たちに告げた。君たちの居た収容所では、今、伝染病が流行している。君たちが保菌者でない証拠はない。もし発病したら、この日本軍機関も困るし、君たちも病気にかかるのは辛いだろう。それで、今日、軍医が予防薬を持って来た。飲み方は、こちらから指示する。「第一薬は、この通りにして飲む。すぐあとで第二薬を飲む」と云って、軍医も衛生兵も、俘虜たちと同じ茶碗へ注いだ薬を飲み、更に第二薬を重ねた。もちろん、初めから軍医と衛生兵のものはそれとなく目印がついていた。結果は、予想通りうまくいった。第一薬を飲んだ俘虜たちは、第二薬をつづけて飲んだ。五、六分経つと、俘虜たちは激しく苦しみ出し、忽ち四肢を引きつらせて昏倒し、やがて二、三分ののち絶命した。青酸カリなら即死だが、五、六分を経てはじめて仆れるというこの毒物の成果は、これで実験済みとなったのである。

この文は、『日本の黒い霧』のなかの「帝銀事件の謎」の一部であるが、このなかで述べられている毒物が青酸ニトリールであることは、第九研の所員が立ち会っていることと、数分してから効果が出る遅効性の毒物であることから、登戸研究所が開発した青酸ニトリールをさしていることは間違いがない。

また、上海での人体実験が行われたのは一九四三（昭和十八）年の十月と述べているが、関係者の証書では十二月から翌年の一月にかけてである。

さらに、このような人体実験は「満州第一〇〇部隊」と呼ばれていた、「関東軍軍馬防疫廠」でも行われていたのである。

一〇〇部隊のことがはじめて明らかになったのは、七三一部隊や一六四四部隊同様、一九四九（昭和二十四）年に行われたソ連の「ハバロフスク裁判」においてであった。この裁判記録は翌年、『細菌戦用兵器ノ準備及ビ使用ノ廉デ起訴サレタ元日本軍軍人ノ事件ニ関スル公判書類』（以後、『ハバロフスク裁判記録』と略す）という日本語訳のタイトルで刊行され、これによって日本軍の細菌戦の実態が明らかになった。

『ハバロフスク裁判記録』のなかで、元一〇〇部隊の三友一男は一〇〇部隊の細菌戦について、次のように供述している。


(問)主トシテ如何ナル細菌ガ研究サレテイタカ？

(答)鼻疽菌、炭疽菌、牛疫菌、羊痘菌デアリマス。

(問)第六課デハ細菌戦用ノ一定ノ種類ノ伝染病ガ研究サレテイタノミナラズ、細菌ノ大量培養ガ行ワレテイタト貴方ノ言ッタコトヲ理解スルハ正シイカ？

(答)ハイ、ソノ通リデアリマス。

(問)貴方自身ハ第六課〔科〕ニ勤務シテ何ヲシテイタカ？

(答)私ハ主トシテ鼻疽菌ノ培養ニ従事シ、同時ニ生キタ人間ヲ使用スル実験ニ参加シテイマシタ。


ここで三友は一〇〇部隊で研究されていた細菌の種類を、「鼻疽菌、炭疽菌、牛疫菌、羊痘菌」と述べ、さらに人体実験が行われていたことも認めている。裁判では人体実験の様子について、次のように供述している。

（問）生キタ人間ヲ使用スル実験ニ関スル問題ニ移ル。第一〇〇部隊デハ生キタ人間ヲ使用シテ、如何ナル実験ガ行ワレタカ？

（答）第一〇〇部隊勤務中、私ハ人体実験ニ一度参加シマシタ。

（問）私ハ別ノ事ヲ質問シテイル。第一〇〇部隊デハ生キタ人間ヲ使用スル実験ガ行ワレテイタカドウカ？

（答）ハイ、行ワレテイマシタ。

（問）誰ガ此ノ様ナ実験ヲ行ッテイタカ？

（答）人体実験ヲ行ッテイタノハ四人デアリマス。即チ全業務ノ指揮ヲシテイタノハ井田研究員、コレニ参加シタノハ中島中尉、松井実験手、ソレカラ私デアリマス。

（問）第一〇〇部隊デ行ワレテイタ生キタ人間ヲ使用スル実験ニ関シ貴方ノ知ッテイルコトヲスッカリ話シテ貰イタイ。

（答）生キタ人間ヲ使用スル実験ハ一九四四年八月～九月ニ行ワレマシタ。コレラ実験ノ内容ハ、被実験者ニ気付カレナイ様ニ彼等ニ催眠剤及ビ毒ヲ与エルコトデアリマシタ。被実験者ハ七～八ノ中国人トロシア人デアリマシタ。実験ニ使用サレタ薬品ノ中ニハ朝鮮朝顔、ヘロイン、ヒマシ油ノ種子ガアリマシタ。之等ノ毒剤ハ食物ニ混入サレマシタ。二週間ニ亘ッテ各被実験者ニ毒剤ヲ盛ッタ此ノヨウナ食事ガ五〜六回支給サレマシタ。汁ニ主トシテ朝鮮朝顔ヲ混入シ、粥ニハヘロイン、煙草ニハヘロイントバクタルヲ混入シタト思イマス。朝鮮朝顔ヲ混入シタ汁ヲ与エラレタ被実験者ハ三〇分乃至一時間後ニハ眠リニ落チ五時間眠リ続ケマシタ。被実験者ハ皆、二週間後ニハ彼等ニ対シテ行ワレタ実験ノ後衰弱シ、実験ノ役ニハ立タナクナリマシタ。

（問）ソシテ彼等ヲドウシタカ？

（答）機密保持ノタメ、被実験者ハ皆殺サレマシタ。

（問）ドンナ方法デカ？

（答）或ロシア人ノ被実験者ハ、松井研究員ノ命令デ青酸加里ヲ十分ノ一グラム注射サレテ殺サレマシタ。

（問）誰ガ彼ヲ殺シタノカ？

（答）私ガ彼ニ青酸加里ヲ注射シマシタ。

（問）貴方ニ殺サレタロシア人ノ死体ヲ貴方ドウシタカ？

（答）　私ハ部隊ニアッタ家畜墓地デ死体ヲ解剖シマシタ。

人体実験に対する尋問はさらに続くが、この供述で一〇〇部隊でも人体実験が行われていたことが裏づけられた。人体実験が行われた時期は供述によれば一九四四（昭和十九）年の八月から九月にかけてである。

3　石井式濾水機

細菌戦部隊の創設者である石井四郎の名前を一躍有名にしたのが、細菌に汚染された水を浄水にする「石井式濾水機」の発明である。

従来、わが国の野戦給水装備は経理部の担当であり、「フランネル式濾水器」を利用した原始的なものであった。この方法は汚水を沈殿させ、そこにカルキを加えて消毒し、これをフランネル式濾水器で濾過し、煮沸して飲用水にするというものである。しかしフランネル式濾水器では効率が悪いため、野戦部隊では飲料水の確保が不十分であった。これに目を付けたのが、欧米の視察旅行から帰国したばかりの石井四郎である。

今まで石井式濾水機は石井四郎が発明したと言われていたが、筆者らの調査の結果、以下に述べるような事実が明らかになった。

石井が野戦用の濾水機の試作品を完成し、その採用を当局に上申したのは一九三二

（昭和七）年のことである。この濾水機は石井がすべて開発したのではなく、濾水機の心臓部にあたる濾過管は、すでに民間の会社によって開発されていた。

濾過管は硅藻土を使用した素焼きの筒で、現在も横浜にある日本濾水機工業が一九二八（昭和三）年に開発に成功し、特許を取得したものである。

筆者は日本濾水機工業の橋本祐二に濾過管および石井式濾水機について質問したところ、次のような返事をいただいた。筆者の質問は以下の五点である。

① 濾過管に刻印されている特許番号は軍のものか、日本濾水機のものか。

② 京都の松風という会社でも濾過管を製造していたようであるが、それは日本濾水機工業で開発したものを委託製造させていたのか、あるいは松風でも独自に開発していたのか。

③ 石井式濾水機と一般には言われているが、石井四郎は実際に濾水機を開発したのか、それとも戦時中ということで、日本濾水機工業のものを石井の名前で開発したのか、あるいは共同研究であったのか。

④ 七三一部隊の第三部では石井式濾水機の製造・修理を行っていたようであるが、そこへ技術者を派遣していたのか。

⑤　防疫研究室の内藤良一軍医と日本濾水機工業との関係。

①の濾過管の刻印であるが、筆者らが伴繁雄宅から発見した濾過管には、「ニホンロスイキ」という刻印がある筒のみ、「専売特許７９０１９」という特許番号が刻まれていた。橋本によれば、この特許番号は日本濾水機工業のもので、一九二八（昭和三）年に「濾水用素焼製造方法」で特許を得たときのものであるという。特許内容は濾水用素焼を製造する際に、主材である硅藻土と他の材料をどの割合で配合するかというものである。

②の京都の医療会社「松風」との関連については、松風は陶製の義歯の製造が本業で製造工程が日本濾水機工業と似ており、そのため設備も似たようなものを持っていたようである。松風がもともと日本濾水機工業製の濾過管と同じようなものを製造していたのか、軍から日本濾水機工業製と同じものの製造を指示されたのかは不明であるが、軍のなかに日本濾水機一社の独占ではまずいとの判断があったようである。さらに、日本濾水機工業一社では生産能力的に応じきれない状況もあったという。そのため、当初は両方の会社からの相見積もりであったが、品質的に日本濾水

機製の濾過管の方が優れていたために、一九三八（昭和十三）年以後、松風が軍に納入した濾過管はすべて日本濾水機工業の特許にもとづいた製造方法を採用していたという。ただし、松風は日本濾水機工業の外注先という関係ではなく、あくまで軍から別々に発注されていたものである。

特許を軍に無償譲渡してからも製造権は日本濾水機工業が所有、松風は特許の使用権を与えられた関係であるという。伴宅から発見された濾過管に日本濾水機工業のものには特許番号が入り、松風のものには入っていないのはこのような事情によるものである。

③の日本濾水機工業と石井四郎との関係については、「一九二八（昭和三）年に濾水用素焼製造方法を発明後、製薬や飲料、醸造会社などに除菌用濾過機として販売していたが、一九三一（昭和六）年に上野で開催された第三回化学工業博覧会に出品したところ、博覧会を見学に来ていた石井がこの濾過機に目を付け、軍用に利用することを思いついたのではないか」と橋本は手紙に書いている。

当初、軍自身で製造するために研究開発も行われていたようであるが、結局、一九三三（昭和八）年に軍の採用となり、その後も軍用濾水機としての性能や耐久性を求めて、軍と日本濾水機工業の双方で研究・実験が繰り返されている。筒の長さや径、厚み、補強をどうするかといった点である。

伴宅で発見された濾過管のなかにアルミ製のパイプが入っているのは、双方の共同開発の成果によるものである。

このアルミ製のパイプが入った濾過管について、陸軍軍医学校で石井四郎の部下であった北条円了は、『大東亜戦争陸軍衛生史』のなかで次のように述べている。

この濾過管は直系約八センチ、長さ約三〇センチのもので、その両端を金属板で密閉し、中央にこの濾過管の主軸となり且つ濾過浄水の排水管を兼ねた金属パイプを通したもので、十個の円筒形濾水機の内に内壁に沿って六本の濾過管を併列し、その中央に各濾過管に接着するような濾過感の全長に等しい「ブラシ」を装着し、この濾過管及び「ブラシ」をそれぞれ反対に回転できるように工夫されたもので、水を注ぎつつ動力を開いてこれを回転させれば、全濾過管が同時に簡単に洗浄できる機構で、この自動的洗浄装置が石井氏の考案による石井式濾水機のパテントであった。

当初この濾水機は、手動ポンプを取り付け、自動洗浄装置も手動式で、器体はすべて鉄製であった。この濾水機の試作品が完成したのが昭和七年で、これを石井式無菌濾水機と命名して野戦式軍用濾水機に採用されるよう陸軍省へ上申したのであったが、性能はよいが重量過重で機動性に乏しい、濾過管が破損し易く補給が困難である等の理由でなかなか認可にならなかった。特に整備担当の糧秣本廠は従来のフランネル濾水器で十分として強硬に反対した。しかし防疫研究室はこれに屈せず濾過機に幾多の改善を加え、器体の鉄製を全部アルミニウムに改めて軽量化し、更に濾過管の振動による破損を防止するためスプリング式の台に改造し、且つ陶器会社を指導して濾過管の大量生産を可能にし、更に濾過機を自動車載として消防用ポンプ自動車に十個の濾過機を積載し、これをパイプで連結して、濾水も洗浄も自動車エンジンによりすべてを動力化して、これを満州に送り各地の演習に参加給水してその優秀なる実績を付して、再度正式野戦用濾水機として採用されるよう陸軍省に上申し、昭和十一年この石井式濾水機は遂に認可され、動員部隊のため整備されることに決定した。

北条が述べていることと同様のことを、橋本も手紙のなかで述べている。

濾過管のなかのパイプは単に濾水を集結するためのものではなく、濾過管の特長である目詰まりの回復措置としてブラシで表面を削るため、軍用では一々筒を取り出さずにセットしたまま筒とブラシを回転させる構造とし、なかにパイプを通して、捻じれで筒が破損するのを防ぐためのあくまで補強材です。また駒ヶ根市で発見された筒は長さが三三〇ミリのもので、この長さは当社が軍以前から使用していたサイズですし、装填されている濾水機も一回り小さい丙型と呼ばれたもので、手動ポンプ式にて運搬は馬を想定したものです。むしろ主力は四五〇ミリの長さのものので、こちらがいわゆる甲型、乙型として自動車に搭載された大型機種用でした。この長さに決定したのが、まさに軍との共同開発の賜物です。その他個人携帯用丁型向けには、径も細く長さも一五〇ミリのサイズのものが製造されていました。

一方、軍用の濾水機そのものには当社はタッチしていません。勿論濾過管の特性を引き出す上での基本は当社が提供したものですが、軍用の濾水機そのものは軍の方で開発の上、当社とは関連の無い全く別の会社が製造していました。以上のように濾過管の製造方法そのものは当社の特許ですが、軍用に適したサイズなどはまさに共同開発となりますし、スペックそのものの要求は軍からのものです。

また濾水機そのものはむしろ軍の開発に負う所が大で、現に実用新案等は石井氏の名前で申請されています。それらが軍用濾水機は石井式と呼ばれる所以でもありましょう。

濾過管の長さについて、北条は三〇センチ、橋本は三三センチと述べているが、伴宅から発見された二種類の濾過管を調べた結果、橋本の言うとおり三三センチと四五センチであった（写真6－2）。

また、橋本の手紙のなかに出てくる軍用濾水機を製造していた会社とは、石井四郎のスポンサーの一人で、石井式濾水機の製造を一手に引き受けていた日本特殊工業のことと思われる。

④の技術者の七三一部隊などへの派遣については、軍用濾水機は防疫研究室で開発され、日本特殊工業で製造していたため、日本濾水機工業の関係者が海外へ出張した事実はないということである。

⑤の防疫研究室の実質的な責任者であった内藤良一軍医中佐と日本濾水機工業との関係については、給水活動の源水となる河川や井戸水のなかにいる有害細菌の特性や大きさ、さらに殺菌方法や衛生管理面の教えを受けた関係にあったようである。

写真6－1　石井式濾水機（日本濾水機工業株式会社所蔵）

写真6－2　伴繁雄と石井式濾水機の濾過管

第七章　陸軍登戸研究所の疎開

1　長野県における軍事機関・軍需工場の疎開

登戸研究所が長野県の上伊那地方や北安曇地方に疎開して来た時期は、筆者らの調査や残された『学校日誌』などの資料から、一九四五（昭和二十）年の三月から四月にかけてであることが判明した。

長野県に登戸研究所が疎開してきた理由は、戦局の悪化により本土決戦を準備しなければならない時期に入り、登戸研究所には新しい役割が求められることになったと考えられる。

それは、松代の大本営との関係で、大本営を守る役割のため本土決戦時用の特殊兵器の開発を行う必要があったのではないかと思われ、さらに長野県が軍事機関、軍需工場の一大疎開先になっていた事実も、登戸研究所の疎開先を長野県に決定した理由のひとつになっていたと思われる。

長野県においては、明治以来、製糸業を中心とした工業化が進められてきた。しかし日中戦争・太平洋戦争を転機として、製糸業も軍需中心の工業へと転換していった。このときの転換が、諏訪地方を中心とした現在の精密、エレクトロニクス産業へと変貌していったことは、よく知られているとおりである。

戦時中、長野県が一大軍需工業地帯となったのには、いくつかの理由があった。まず、製糸業を中心に軍需工場として利用できる施設があったこと、軍需工場に動員できる労働力があったこと、そして電力が安かったため中央の工場が既に県下各地へ進出していたことなどがあげられる。

長野県に本格的に進出した中央資本の工場としては、一九三三（昭和八）年に日本電気工業（昭和電工）が大町と塩尻に、高千穂光学が諏訪に進出したのがはじまりである。その後、日本無線が三四年、石川島芝浦タービンが三六年、鐘紡の三六年などが続いた。これらの工場の進出は戦時における疎開工場とは異なり、あくまで安価な電力を求めた結果であった。

では、実際に軍需工場の疎開のためにどのような政策がとられたのか、戦時統制経済の側面から見ていくことにする。

一九三二年一月十四日、県は「長野県経済改善調査会」を設立した。これは、三〇年の世界恐慌に対応するもので、近代工業の地方化を図り、長野県経済の更正のために設置されたものであった。この調査会は「長野県地方工業化委員会」の前身となったものである。

一九三七年七月七日、盧溝橋において日中両軍が衝突し、日中全面戦争のきっかけとなる事件が勃発した。同月、長野県においても製糸業に代わる重化学工業の振興を図る目的で、中央からの工業誘致を本格化するための「長野県地方工業化委員会」が設立された。

同委員会は十一月十日、二回の会議を経て長野県知事近藤駿介にあて、「現下ノ情勢ト本県工業ノ現状トニ鑑ミ地方工業化ノ促進上緊切ト認ムル具体的方策」についての答申を提出している。この答申は、その後の長野県における工場誘致の基本となったものである。以下、その内容を紹介しよう。

答申書の冒頭では工場誘致の必要性を次のように述べている。

本県ハ気候風土ノ関係ヨリ従来蚕糸業ヲ以テ主産業ト為シタル為、製糸工業ノ発達ヲ見タルモ他ノ機械、化学、金属等ノ近代工業ハ洵ニ微々トシテ振ハズ、斯ノ如キハ本県産業経済ノ伸展上大ニ考慮ヲ要スル重大問題ナリト謂ハザルベカラズ、而モ現今工業会ノ一般情勢ハ、往年ノ如ク六大都市及福岡県等ニノミ大工業ヲ偏在集中セシムルノ要ナキノミナラズ、現下我国ノ経済情勢及至国防関係ヨリ之ヲ観ルトキ寧ロ之ヲ夫々地方ニ分散スルコトコソ、国策上真ニ緊切ノ措置タルコトハ巳ニ識者ハ勿論、国家ノ認ムル所ニシテ殊ニ本県ノ如キハ人口過剰、耕地ノ狭少等ヲ主因トスル一般経済界ノ不振ヲ打開シ、之ガ更正ヲ図ラザルベカラザル実情ニ在リ、現ニ昭和五年ノ世界経済ノ不況ト金融恐慌ニ鑑ミテ同七年一月全国ニ魁ケテ経済更正運動ヲ計画実行シタルモ、固ヨリ県内資源ノ乏シキニ加へ、元来産業ノ単純ナル為官民一致ノ勢力ニ拘ラズ其ノ効果捗々シカラザル撼多シ、就テハ宜シク国家社会ノ大勢ト本県ノ現状トニ鑑ミ、工業ノ多角化ヲ図リ就中機械、化学、金属其ノ他近代工業ニ重キヲ置キ、一大決心ヲ以テ左記計画ヲ実行シ以テ本県産業経済ノ振興ヲ企図スルヲ緊切ト認ム

この答申の内容は、電力政策の確立、指導機関の設置、工業教育の徹底、下請工業の助成、工業金融の整備、発明の助成、機械および染色工業の助成、精密工業の助成、交通機関改善など一二項目からなり、これによって戦時体制下における工業化の長期計画の基本ができたのである。

地方工業化委員会は、一九四一年六月〈県告示第六九二号〉により、「長野県鉱工

業計画委員会」に改められ、同時に「地方工業化ノ現況ニ鑑ミ工業誘致ノ実現ヲ期スル具体的方策」の諮問が富田健次知事よりなされた。

この諮問では県下の工場地帯を、長野・松本・上田・岡谷・飯田・大町・小諸の七地域に区分し、精密機械などの産業を重点的に誘致することが述べられている。

さらに、一九四二年四月の本土初空襲により、国土防衛の立場から軍需工場の地方分散化が計画され、長野県においても軍需工場分散化計画にもとづく工場誘致が具体化された。この計画にもとづいて県は四三年八月、「長野県工業計画要綱」を発表した。

要綱では誘致地域を「企業整備ニヨル遊休見込工場乃至遊休工場ノ所在地ヲ以テ優先地域」とし、具体的な場所として「松本・塩尻地帯、岡谷・湖北地帯ヲ之ニ包含スル一団地トシテ、集中立地ヲ行フタメノ工業地帯ヲ造成シ、本邦最大ノ総合的山間工業基地タラシム」と述べられている。また、誘致すべき工場の種類としては「精密機械工業ニ重点スルモノトシ、就中、航空機器・電機器・通信機器・計器・精密測定器・光学機器」があげられている。この結果、長野県には立川・東芝・浅野・三菱などの航空機関係の工場が多数疎開したのである。

長野県に航空機関係の工場が多数疎開した理由を、四五年六月、長野県航空機増産ている。

推進本部が作成した「航空兵器工業ニ関スル件」と題する文書では、次のように述べている。

第一、昭和十六年以来産業転換策トシテ近代工業招致ヲ特ニ強力ニ推進セルコト。

右ハ政府ノ工業国土計画ニ基ク工場地方分散ノ趣旨ニ適応スルノミナラズ特ニ本県ノ地理的条件ガ自然ノ防空要塞ヲナス関係上、国ノ重要軍需工場ノ奥地移行又ハ疎開方針ニ合致スルコト。

第二、本県ノ気候風土及県民性ガ精密機械鋳造通信光学兵器特殊航空工業ニ好適ナルコト。

第三、労務建築資材、電力、燃料及工業用水等ノ点ニ於テ比較的恵マレタル立場ニアルコト。

第四、企業整備ニ伴フ製糸工場ノ遊休施設ヲ転換活用シ得ルコト。

等ニシテ、今ヤ本県ニ於ケル航空兵器生産工場数其ノ主ナルモノ一二八工場ニ達シ其ノ分布状態ヲ見ルニ諏訪盆地岡谷地区ノ三四工場、塩尻、松本・大町ヲ結ブ松塩地区ノ二九工場、此ノ両地区ニ対シ衛星的地帯ヲナス伊那地区一二工場、上田地区二九工場、長野、須坂地区二四工場等ニシテ概ネ地理的経済的状況ニ順応セル配置状態ニアリ。

工場誘致の結果、長野県に疎開した工場は、敗戦直前の四五年七月三十日付の「地方区域別工場数一覧表」によれば、既存工場数五〇〇に対して疎開工場数五九六となっており、長野県では既存工場数より疎開工場数の方が上回っていることがわかる。

敗戦時の四五年八月十五日現在の資料によれば、長野県における軍需工場数は一四九九〔一四九三〕、うち操業工場数は九〇五〔九〇一〕、休業工場数は五九〇〔五九二〕となっている。

これらの工場のうち、登戸研究所と密接な関係にあった工場は、日本無線諏訪工場・東芝川岸工場・日本高周波などである。『諏訪の近現代史』は、日本無線諏訪工場の疎開について、次のように述べている。

東京多摩研究所々属の日本無線諏訪工場では、主に真空管を製造したが、そのヒラメントの接続、外管のガラス製造のための燃料として天然ガスを用いた。同工場では諏訪ガス株式会社から多量の天然ガスの供給をうけ、レーダー用や潜水艦送信機用の真空管製造に、湖南工場では自家用組合や個人所有のガスを集めて真空管製造に使用していた。

ここに述べられている東京多摩研究所とは、電波兵器の研究所である多摩技術研究所のことである。諏訪地区には、日本無線をはじめ電波兵器関係の機関の多くが疎開している。日本無線諏訪工場では、電波兵器用の真空管を製造していたし、第二精工舎の協力工場として設立された大和工業では、時計信管の部品を製造していた。また、旧川岸村（現：岡谷市）へ工場を疎開した東芝は、以前から電波兵器について登戸研究所と共同研究をしていた関係にあった。さらに、東大の物理学教室や高周波研究所も諏訪や岡谷地区に疎開している事実もある。

このように、諏訪・岡谷地区が電波兵器関係機関の疎開先となっていたことが、多摩技術研究所が旧制の諏訪中学、現在の諏訪清陵高校に疎開先を決定したことに関係があるのではないかと思われる。

上伊那地方に疎開した登戸研究所関係の施設では、本部（総務関係）が宮田村の真慶寺に、研究部門の本部と第二科が旧中沢村の中澤国民学校（現：駒ヶ根市立中沢小学校）に、第二科の土方博少佐を中心とする毒物班が旧飯島村の飯島国民学校（現・飯島町立飯島小学校）に、伴繁雄少佐を中心とする爆薬班が旧伊那村の伊那村国民学校（現・駒ヶ根市立東伊那小学校）に疎開している。その他、赤穂国民学校（現・駒ヶ根市立赤穂小学校）をはじめ国民学校や青年学校、民家に疎開していることが赤穂高校平和ゼミナールの調査で明らかになった。

北安曇地方に疎開した登戸研究所関係の施設では、松川村の松川国民学校（現・松川村立松川小学校）に物理関係を担当する第一科の本部が疎開している。その他、旧会染村の会染国民学校（現・池田町立会染小学校）、北安曇農学校（現・池田工業高校）などに疎開し、松川村の神戸原地区では殺人光線のための研究施設を建設中、敗戦となったことが明らかになった。北安曇地方での研究は、電波兵器の研究が中心で、ロケット砲などの研究・実験もされていた。

諏訪の大和工業では、ロケット用の時計信管を製造していたが、これらの時計信管は登戸研究所の第一科が研究していたロケット砲の部品か、風船爆弾の部品に使用された可能性がある。

このような事実を見ていくと、登戸研究所が長野県を疎開先にしたことは、単に空襲を避けるためというよりは、疎開企業の共同研究に都合がよかったことと、大本営を守るための秘密戦兵器の研究・開発のためであると思われる。登戸研究所と密接な関係にある陸軍中野学校が、大本営の近くの群馬県富岡町に疎開していることからも、これらのことが推測できるのである。

2　本土決戦と陸軍登戸研究所の疎開

一九四四（昭和十九）年五月、陸軍省首脳の特命を受けて長野県に向かう三人の軍人がいた。軍務局軍事課の井田正孝少佐、兵務局防衛課の黒埼貞明少佐、建築課の鎌田隆男中佐である。目的は、戦争の最高指導機関である大本営の安全な移転先を探すことにあった。移転先の候補として最初にあげられたのは東京に近い八王子周辺であった。しかし五月、その移転先は長野県に変更されたのである。

この時期、もはや本土決戦は避けられない状況と感じていた参謀本部は、日本の中心であり、四方を山に囲まれ、空襲も経験したことのない長野県こそ、本土決戦の最後の砦とみなしていた。そのため三人は五月、大本営の移転先を探すため、伊郡谷、上高地、松本、長野と南から最適地を求めて歩いている。

関係者の一人、井田正孝少佐は当時の様子を、次のように述べている。

〔松代を最適地として発見する〕一週間くらい前から、〔長野県の〕南からずっと探して来たんです。伊那の方から上高地まで行って結局どこにもないから、いよいよだめかなと思っていたときですから、うれしくて夜には三人で乾杯したぐらいです。あとは、鉄道省の技術者の方に来て子細に調べてもらったら、「これは一枚岩だ。むしろ掘るのが困難なくらい堅い」と言っていました。

この証言からもわかるように、大本営の移転先の候補を探すために、軍の関係者が上伊那地方にも来ている事実がある。また、登戸研究所の関連機関だけでなく、前述したように諏訪には多摩技術研究所の第四科が疎開している。多摩技術研究所は四三年六月、陸軍技術研究所の第二・第五・第七研のうち、電波部門を統合して設立された研究所である。この研究所の電波兵器の研究が登戸研究所の北安分室に引き継がれている。

さらに、登戸研究所の第二科の疎開先のひとつである伊那村国民学校（現：駒ヶ根市立東伊那小学校）では、敗戦後の八月十八日、登戸研究所の製造した「毒入りチョコレート」を児童が誤食したことが、昭和二十年度の『学校日誌』に記載されている。当時、物がない時代に国民学校に「毒入りチョコレート」があったということは、アメリカ軍が上陸した場合の謀略戦に使用するためではなかったかと思われる。

このような状況から、登戸研究所と多摩技術研究所の長野県への疎開は、松代大本営の建設と一連の関係をもつものと推測されるのである。

一九四五年三月には、登戸研究所と密接な関係にあった陸軍中野学校も群馬県富岡町に疎開する。この時期は登戸研究所が長野県に疎開して来る時期と一致する。疎開先が富岡になった理由は、松代に大本営が移った際の戦略的な便宜などが考えられた結果だという。さらに毒ガスなどの化学兵器を開発・研究していた第六技術研究所も富山県高岡に疎開している。

これらの機関の疎開先は、図７－１のように大本営を取り囲むように配置されている。このように、重要な軍事機関の移転先が大本営と密接に関係していることがわかる。

本土決戦が避けられない情勢になると、陸軍中野学校の卒業生は国内の遊撃戦（ゲリラ戦）に備え、国民を指導するために、アメリカ軍が上陸すると考えられていた九州などに派遣された。アメリカ軍が本土に上陸した場合、国民のすべてが遊撃戦でアメリカ軍と戦うためであった。

大本営は一九四五年の初頭から、本土決戦に備えて作戦計画の検討を進めていた。

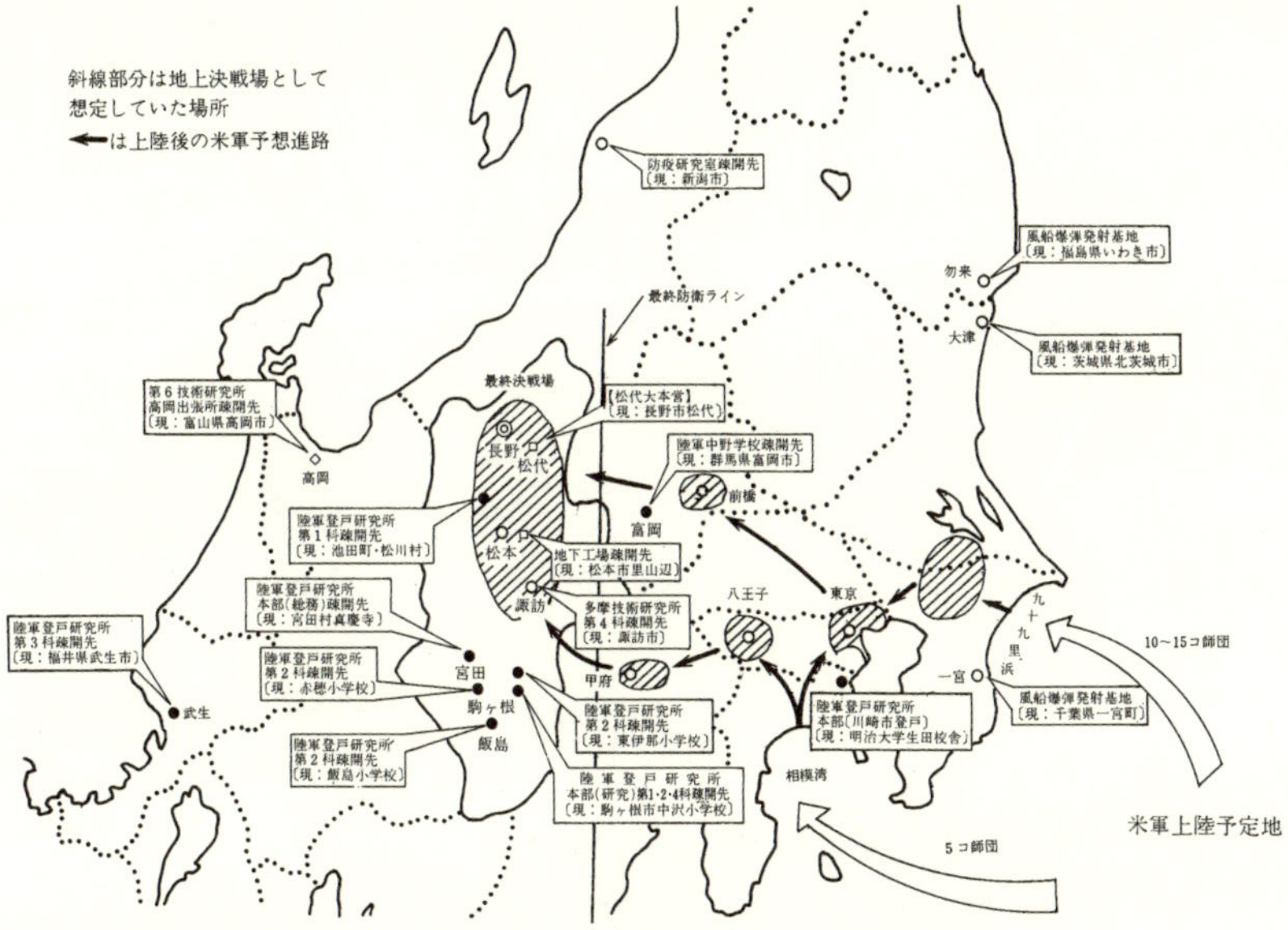

図7－1　本土決戦に備え疎開した各研究機関　木下健蔵『消された秘密戦研究所』318頁。

当時の情勢判断は、「航空兵力をもって徹底的に叩いた後、九州方面に進攻し、次に関東地方に主力を向けるだろう」というものであった。この情勢判断にもとづき、本土決戦準備のための「決号作戦準備要綱」が策定されたのは、三月中旬のことである。

この時期、本土防衛体制はまだ不十分であった。そのため大本営は、アメリカ軍の本土に対する進攻を遅らせ、この間に本土の作戦準備を強化しなければ、本土における持久戦の目的は達成することは困難であるとの考えから、本土の外部で決戦を続行する方針を決定した。その場所として選ばれたのが沖縄である。

六月二十二日、政府は本土決戦に備えるため「義務兵役法」を公布した。男子は十五歳から六十歳まで、女子は十七歳から四十歳までを動員、国民義勇戦闘隊として軍の統帥下に置くという、国民のすべてを戦闘要員とする法律であった。

国民義勇戦闘隊の任務は、塹壕を掘ったり、食糧や弾薬を輸送する後方勤務の雑役であったが、十六、十七歳の「青少年戦闘隊」や「学生戦闘隊」は、上陸した敵軍の背後に回って、遊撃戦や諜報活動などができるように訓練をしていた。この指導にあたったのが、陸軍中野学校の卒業生である。

上伊那地方においても、敗戦間際、数千人規模の戦闘隊組織を準備することが計画されていた。この準備にあたったのが北沢隆次である。筆者あての手紙により、今回その事実がはじめて明らかになった。北沢は当時の様子を、次のように手紙に記している。

中野学校出身者が中心かどうかは知りませんが、登戸研究所には長野軍管区司令部からだったと記憶していますが、通知があり、予想される上陸敵軍に対し、軍人以外の在郷男子が各郷土で組織を作り、抵抗する様指示されたと思います。

登戸研究所にその通知が来たのは、昭和二十年八月十三日ではなかったかと思います。前記抵抗組織の話を篠田所長か山田大佐か又は二人から私が軍人で無く文官でありましたので、この地区〔上伊那地区〕の準備の長になることを命ぜられました。私は先ず第一に人数を把握する必要がありましたので、八月十四日に中沢村と伊那村の役場に行き、村長さんに面会して、前記目的のため、当時在村の国民学校生徒から五、六十歳位までの健康な男子の人数を至急調査報告する様に依頼しました。帰りに、「数千人の組織になる大変なことだ」と考えたことを思い出しました。その翌日、終戦の大命が下り、すべてが終了しました。中野学校出身者が指導・運用する計画であったかどうか、その時点では私は何も知りません。

本土決戦準備のため国民学校の生徒から六十歳の一般男子まで、ほとんどすべての人が戦闘要員となって戦う準備が上伊那地方でもされていたのである。本土決戦のために使用される兵器のひとつが登戸研究所製の「缶詰爆弾」で、戦闘隊はこの爆弾を持って敵の戦車に体当たりした。いざというときにはこれで自決するための簡易手榴弾であった。

長野県における軍事機関と軍事工場の疎開および教育の戦時体制下政策を年表にまとめたものが次の表7－1である。

表7－1　軍事機関・軍事工場の疎開と教育の戦時体制下政策

西　暦	軍事機関・軍需工場の疎開	教育の戦時体制化政策
1942 (S17)	4－　富士通、須坂に疎開 5－　大和工業、上諏訪に創業 6－　富士電機製造、松本市に疎開 10－　石川島芝浦タービン、松本工場設立 11－　多摩川精機、飯田に疎開	1－9　「国民勤労報国令」による学徒出動命令発令
1943 (S18)	3－　片倉製糸岡谷工場が諏訪航空工業に、川岸工場が東京芝浦電気となる 4－15　諏訪倉庫へ陸軍兵器廠が疎開 7－　陸軍省松本飛行場着工 10－31　軍需会社法公布 11－　日本無線諏訪工場設立	1－21　「中等学校令」改正公布（修業年限を1年短縮して4年制となる） 6－25　「学徒戦時動員体制確立要綱」を閣議決定（軍事訓練と勤労動員の徹底） 10－12　「教育ニ関スル戦時非常措置方策」を閣議決定 12－1　第1回学徒出陣
1944 (S19)	1－　日本発条、宮田に疎開 1－　帝国通信工業、赤穂に疎開 1－　県航空機増産推進本部を設置 2－　オリンパス光学、伊那に疎開 11－　松代大本営着工	2－16　「国民学校令等戦時特例」を公布（就学義務を12歳まで引き下げ） 3－7　学徒勤労動員の通年実施を閣議決定 4－1　学徒勤労動員実施 5－16　「学校工場化実施要綱」を文部省実施 8－　都会より長野県への学童集団疎開がはじまる 8－23　「学徒勤労令」「女子挺身勤労令」公布
1945 (S20)	3－　登戸研究所の本部・第1・第2・第4科が上伊那に疎開（赤穂・中沢・伊那・宮田・飯島の1町4村） 4－　飯島国民学校擬装 5－　登戸研究所の第1科が北安曇に疎開（松川・池田） 5－　諏訪精工舎創業 －　多摩技術研究所第4科が諏訪中学（現：諏訪清陵高）に疎開	2－26　県立長野図書館、学校工場となる 3－18　「決戦教育措置要綱」を閣議決定（国民学校初等科を除き1年間授業停止） 3－26　県、軍事施設・軍需工場・研究機関のため校舎転用を指示 5－22　「戦時教育令」公布（学校・職場に学徒隊を結成） 6－11　「長野県学徒隊組織要綱」制定 6－18　県、「学校校舎ノ転用ニ関スル件」通達

3　疎開資料

「特殊研究処理要領」と標題のついた陸軍の文書がある。この文書は陸軍省軍事課が敗戦と同時に関係機関に発した通達である。

内容は、「敵ニ証拠ヲ得ラル、事ヲ不利トスル特殊研究ハ全テ証拠ヲ隠滅スル如ク至急処置ス」という方針のもとに、処分すべき特殊研究が五項目にわたり取り上げられている。

この通達の最初に出てくる文が、「ふ号及登戸関係ハ兵本草刈中佐ニ要旨ヲ伝達直ニ処置ス」というもので、登戸研究所への証拠隠滅の伝達時刻は八月十五日午前八時三十分となっている。

その後、七三一部隊および一〇〇部隊関係、糧秣本廠1号関係、医事関係、獣医関係と続き、最後の獣医関係機関に伝達された時刻は午前十時である。

この通達により、陸軍では登戸研究所関係の証拠隠滅が最重要であったことがわかる。文書のなかに出てくる「ふ号」とは登戸研究所の第一科が研究開発していた風船爆弾の秘匿名であり、「兵本」とは兵器行政本部のことである。「七三一部隊」は関東軍防疫給水部の秘匿名で、人体実験をしたことで有名である。「糧秣本廠1号」とは種子島で研究されていた穀物に多大な被害を与える黒穂病の病原性の研究のことで、風船爆弾にも搭載する計画であったといわれている。

長野県の疎開先でも、この通達により本部のあった宮田村の真慶寺や、研究部門の中心であった中沢国民学校（現駒ヶ根市立中沢小学校）において、一週間以上にわたり多くの関係書類が焼却処分された事実が、元所員の証言から判明している。

現在までに登戸研究所が上伊那に疎開したことは、元所員の証言や学校日誌などの断片的な資料により明らかになっていたが、疎開に関する公文書類は見つかっていない。唯一の政府側の資料が兵器行政本部作成の資料である。

唯一の公式資料

登戸研究所の関係資料は、敗戦時の焼却処分によりほとんど現存していないが、唯一兵器行政本部が作成した一九四五（昭和二十）年八月三十一日付の資料が残されている。この資料には、登戸研究所の任務、疎開先、編成、人数、研究概要等が記されている。

この資料によれば、長野県における登戸研究所の疎開先は、本部（上伊那郡宮田村）、北安分室（北安曇郡松川村）、中沢分室（旧中沢村、現駒ヶ根市中沢）の三カ所である。そのほか兵庫県の小川村（現丹波市）にも第一科の一部が疎開している。この資料には載せられていないが、第三科が福井県の武生に疎開していることも明らかになっている。

登戸研究所の任務は「超短波ノ基礎研究並ニ挺進部隊用資材、宣伝資材、憲兵資材ノ研究其ノ製造」となっている。ここにある挺進部隊とは、女子挺身隊とは異なり、遊撃部隊（ゲリラ部隊）のことである。

本部および各分室の研究内容は、本部が「企画、庶務、人事、経理、医務、福利」、北安分室が「強力超短波ノ基礎」、中沢分室および小川分室が「挺進部隊用爆破焼夷及行動資材、宣伝資材、憲兵資材並ニ簡易通信機材ノ研究及製造」であり、元の本部のあった登戸は名称が登戸分室となり、内容は「資材ノ収集、上級官衛其ノ他トノ連絡及疎開後ノ残務整理」である。

研究概要は、①強力超短波ノ基礎研究、②簡易通信器材ノ研究、③爆破焼夷資材ノ

表7－2　兵器行政本部作成の資料

1　任　務　超短波ノ基礎研究並ニ挺進部隊用資材、宣伝資材、憲兵資材ノ研究其ノ製造

2　所在地　本　　部　長野県上伊那郡宮田村
北安分室　長野県北安曇郡松川村
中沢分室　長野県上伊那郡中沢村
小川分室　兵庫県氷上郡小川村
登戸分室　川崎市生田

3　編　成　本部及北安分室、中沢分室、小川分室、登戸分室ヨリ成ル
本　　部　企画、庶務、人事、経理、医務、福利
北安分室　強力超短波ノ基礎
中沢分室・小川分室　挺進部隊用爆破焼夷及行動資材、宣伝資材、憲兵資材並ニ簡易通信器材ノ研究及製造
登戸分室　資材ノ収集上級官衙其ノ他トノ連絡及疎開後ノ残務整理

4　人　員　所長以下861名ナリ

区分	高等官	判任官	雇員及工員	計
武　官	124			
文　官	7	112	618	
計	131	112	618	861

5　研究現況　研究現況ノ概要次ノ如シ

研究項目	研究ノ現況
強力超短波ノ基礎研究	超短波ノ強力発振集勢及之ガ効果ニ関シ基礎的ニ研究シ之ガ性能ノ向上ニ努メツツアリ
簡易通信器材ノ研究	制式通信機ノ整備隘路ヲ補フ為「ラヂオ」部品等ヲ以テ製造容易ナル通信器材ニ関シ研究シ且一部製造シツツアリ
爆破焼夷資材ノ研究	挺進部隊用ノ小型爆発罐袋入爆薬焼夷筒成型焼夷剤ニ関シ研究シ且一部製造シツツアリ
挺進部隊用行動資材ノ研究	挺進部隊ノ行動資材トシテ登攀渡渉夜行表示板、防水夜行時計、耐水「マッチ」ヲ研究シ、尚捕力資材トシテ携行口糧、精力剤及食糧自活方法ニ関シ研究シ且一部製造シツツアリ
写真資材ノ研究	簡易望遠写真撮影方法、複写装置、野戦写真処理用具ニ関シ研究シツツアリ

憲兵資材ノ研究	憲兵科学装備用指紋採取用具、現場検証器材、理化学鑑識器材ニ関シ研究シ且一部製造シツツアリ
宣伝資材ノ研究	傳単散布方法、携行放声装置、放声宣伝車に関シ研究シ且一部製造シツツアリ

6　予　算　本年度配当予算　約650万円

7　施　設

区分	所在地	敷地	主要建物
本部	長野県上伊那郡宮田村	ナ　シ	借上施設ノミトス
北安	長野県北安曇郡松川村	3万坪（借上）	研究室2棟約300坪
中沢	長野県上伊那郡中沢村	ナ　シ	借上施設ノミトス
小川	兵庫県氷上郡小川村	ナ　シ	借上施設ノミトス
登戸	神奈川県川崎市生田	11万坪	約2千坪（残務整理ノ一部ヲ使用、他ハ兵器　行政本部ニ移管シタリ）
計		11万坪 他ニ借上約3万坪	約2千坪 他ニ借上施設

備考　空襲ニ対スル疎開トシテ前記各地区ニ移転セリ。各地区ハ何レモ民間施設ヲ一時借上タルモノニシテ各戸ニ分散シアルヲ以テ正確ナル坪数ハ困難ナリ。従来ノ駐屯地タル登戸ハ疎開後ノ残置土地建物アルモ其ノ半部ハ兵器行政本部ニ移管シ目下同部技術部並ニ調査部疎開シアリ

研究、④挺進部隊用行動資材ノ研究、⑤写真資材ノ研究、⑥憲兵資材ノ研究、⑦宣伝資材ノ研究の七つの研究があげられている。

しかし、この研究概要には当たり障りのない研究しかあげてなく、第二科で研究されていた毒物や細菌などの研究、第三科の偽造紙幣の研究には触れられていない。これらの研究は国際法に抵触していることから、この資料はＧＨＱへの提出用に作成されたものである可能性が高いと思われる。

疎開先の施設についてみると、多くの分室が借上施設のみであるのに対して、北安分室だけは二棟の研究施設を建設している。このことからも北安分室は、他の分室に比べ重要な位置づけであったことがわかる。

それは、松代に大本営が建設されたことと関係があったためと思われる。当時、兵器行政本部の関係者が「超短波のための実験設備を長野県に造ったということは、おそらく地下の大本営を長野県の松代に造っていたことと関係があると思います」と述べていることからも、北安分室と松代大本営との関係をみることができる。

写真７－１は北安曇郡松川村神戸原に残されていた、超短波のための直径一〇メートルのパラボラアンテナ実験設備跡で、建設途中に敗戦となり、未完成のまま終わっている。

写真7－1　パラボラアンテナの礎石跡（篠崎健一郎提供）

伊那村工場建設業務分担計画書（案）

昭和二十年五月二十二日付の「伊那村工場建設業務分担計画（案）」と、五月二十四日付の「伊那村工場厚生建物及坪数調書」と標題のついた二種類の文書がある。この文書は第二科の元所員の山田高嶺が所有していたもので、伊那村工場の責任者である伴繁雄技術少佐が計画を立案したものである。

「計画書」の内容は次のとおりである。なお、標題は「伊那工場」となっているが、正確には「伊那村工場」である。

「計画案」は、昭和二十年五月二十二日付

で作成されたもので、方針・任務分担表・業務担当者・実施期間・赴任期日の五項目と最後に研究整備の実施日が記されている。

「計画案」によれば、方針ハ「敵前疎開ニ即応シ委員長ノ統率下、全員全力ヲ画シ建設業務ニ邁進シ」とあり、伊那村での建設業務は「六月末日ヲ以テ工事ノ大略ヲ完成シ、速ヤカニ研究整備ニ着手」するように計画されている。

敵前疎開という言葉はあまり聞かないが、敵が本土に上陸する前の疎開という程度のものであろう。また、委員長名はないが、当時の状況から伴繁雄少佐のことであると思われる。

登戸研究所のことが伊那村国民学校の『学校日誌』に最初に出てくるのが五月二日であることから、この「計画案」を作成するにあたり、事前に疎開先で確認を取っていることがわかる。

建設業務実施期間は、五月二十五日から六月三十日となっており、約一カ月で建設する予定であった。その後、「七月一日以後ハ編成ヲ解キ一部ヲ以テ建設ヲ続行シ他ハ研究整備ニ着手ス」となっており、七月一日より研究を開始する予定であったことがわかる。

また、所員は五月十四日より七月一日まで八次にわたり疎開する計画で、家族は六月三日に集団で疎開する計画であった。

疎開のための係は六つで、輸送係が宮田村となっている以外、他の係の常駐箇所はすべて伊那村である。赤穂高校平和ゼミナールの聞き取りでも、「宮田村から登戸研究所の荷物を伊那村まで運んだ」という証言を得ているので、この計画書に記されている内容と一致する。

伊那（村）工場建設業務分担計画（案）

昭和二〇・五・二二

伊那（村）工場

一、方針　敵前疎開ニ即応シ委員長ノ統率下全員全力ヲ画シ建設業務ニ邁進シ、六月末日ヲ以テ工事ノ大略ヲ完成シ速ヤカニ研究整備ニ着手セントス

二、建設業務任務分担表

任務係別	常駐箇所	業務分担
庶務係	登　戸	庶務的事項全般（輸送係転出後ハ輸送業務全般）、残務整理、伊那村トノ連絡、対外交渉、残留工員ノ指揮、其他庶務的一般事項
	伊那村	労務ノ獲得、対外交渉、宿舎、給与、登戸トノ連絡、内務取締、随伴家族ノ生活指導、其他庶務的一般事項

企画設計係	伊那村	建設工事ニ関スル企画及設計
現場係	伊那村	建設工事作業ノ指揮監督
輸送係	登　戸	貨物ノ梱包並ニ発送
	宮田村	貨物ノ受領、伊那村ヘノ輸送
格納係	伊那村	宮田常駐輸送係ヨリ貨物受領、整理格納並ニ解梱
資材係	登　戸	建設工事研究並ニ必要ナル資材ノ獲得
	伊那村	同　右

三、各分担業務担当者左ノ如シ

任務係別	常駐箇処	担当者	
庶務係	登　戸	○蓮池中尉、田中雇員	
	伊那村	○小島中尉、萱野曹長、高橋雇員、月村雇員	
企画設計係	伊那村	○山田見習士官、坂東技手、井野雇員	
現場係	伊那村	火工班	○伊藤中尉
		精密班	○鈴木嘱託

係	場所	担当者
輸送係	登戸	○柳沢嘱託
	宮田村	○八反田中尉、坂口工員
格納係	伊那村	○（柳沢嘱託）、松田技手
資材係	登戸	○野村中尉
	伊那村	○長田中尉
備考	○印ハ係長トス 柳沢嘱託ハ六月十五日以後、格納係ヲ担当ス 工員ハ庶務係ニテ一括掌握シ、其ノ日々ノ分配ハ庶務係ニ於テ行フ	

四、建設業務実施期間

自昭和二〇年五月二五日

至昭和二〇年六月三〇日

五、業務従事者ノ伊那村赴任期日

出発日	出発予定者
五月一四日	×菅野曹長
五月一六日	×八反田中尉、×高橋雇員、×池田工員、×坂口工員
五月一八日	×山田見習士官

五月二五日	松田技手、井野雇員、榎本工員、田中工員、米山工員、山田工員
六月　一日	小島中尉、伊藤中尉、鈴木嘱託、坂東技手、小川工員
六月　三日	月村雇員
六月一五日	柳沢嘱託、飯田工員、大沢工員、樫浦工員、平山工員、長谷川工員
七月　一日	野村中尉、蓮池中尉
備考	×印出張者ハ二五日付転属命令ヲ以テ転出セシム 家族ハ六月三日、集団的ニ転出セシムル予定

六、七月一日以後ハ編成ヲ解キ一部ヲ以テ建設ヲ続行シ他ハ研究整備ニ着手ス

伊那村工場構成建物及坪数調書

一方、「調書」によれば、伊那村に建設予定の建物は研究室四室、工場長室・庶務室・図書室を兼ねた庶務室一室、精密機械工場三室、付属建物三室、倉庫八庫となっており、その他宿舎として三カ所が記されている。主な疎開場所は、伊那村国民学校と栗林集会所である。

伊那〔村〕工場構成建物及坪数調書

区分		室名	場所	坪数	小計	合計
研究室・工場及付属建物	研究室	「ハ」研究室、「ホ」研究室、信管研究室、特殊資材研究室	伊那〔村〕国民学校内	三五		
	庶務室	工場長室・庶務室・図書室　一室	同右			
	精密機械工場	設計室、機械室、仕上組立室	伊那村栗林集会所			
	火工場		善込山林内			
	揚水室		伊那〔村〕国民学校内			
	ガス室		同右			
倉庫		庶務反倉庫（二庫）、工場倉庫（二庫）、火薬庫（二庫）、危険薬品庫、油脂庫				
宿舎		寿屋、共同宿舎（営内居住者宿舎）、集会所（高等官宿舎）				
総坪数						
備考						

昭和二〇・五・二四
伊那〔村〕工場

伊那村国民学校に建設予定の施設は、研究室、庶務室、揚水室、ガス室であり、栗林集会所には精密機械工場が建設予定であった。

その他善込山林内に火工場が予定されたことが記されているが、具体的な場所は記されていない。

施設の坪数は「ハ」研究室のみ「三五」坪と記されている以外、どの施設にも坪数の記入がない。

「調書」に記されている研究室は、「ハ」研究室。「ホ」研究室、信管研究室、特殊資材研究室の四室である。「ハ」「ホ」は研究の秘匿名である。このうち、「ハ」研究室は、「ハハリユ」と呼ばれていた特殊爆弾（缶詰爆弾）のことであることが、動員されていた伊那商業学校の生徒たちからの聞き取り調査の結果明らかになったが、「ホ」については確認ができなかった。

中沢青年学校疎開文書

二〇一四年、登戸研究所の研究部門の中心であった中沢小学校から、当時併設されていた中沢青年学校の「申達文書」綴りが発見された。本来なら焼却処分される文書類であるが、登戸研究所以外の文書も綴られていたので、処分を免れたものと思われる。

この申達文書は学校から県（上伊那地方事務所）への報告のためのものである。登戸研究所関係の書類は全部で六種類。最初の書類は昭和二十年四月十六日付のもので、標題は「中沢青年学校校舎転用計画書」で、校舎転用申請者は「陸軍登戸研究所中沢製造所」となっている。その文書の内容は以下の通りである。

▼書類①

長野県上伊那郡
中澤青年学校長小松茂喜

（昭和二十年）四月十六日

中澤青年学校校舎転用計画書

一、校舎転用申請者　陸軍登戸研究所中澤製造所
二、校舎転用ノ目的及其ノ内容　特殊兵器製造資材倉庫並事務所トシテ転用
三、校舎転用期間　自昭和二十年四月至昭和二十一年三月
四、転用建物及設備　普通教室　四　倉庫
裁縫教室　一　事務所

五、転用校舎ニ収容スル作業人員　約四十人（男）
六、建物及設備使用料其他申請者ニ於テ負担スヘキ事項
　　　　　　　　　　　　　　　　　軍規定ニヨル
七、校舎転用ニ伴フ教育上ノ影響及支障ノ有無
　　　　　　　　　　　　　　　　　教室授業停止
八、其他　青年学校関係教室全部転用ニ付国民学校一部ヲ借用中ナリ

校舎転用の目的は「特殊兵器製造資材倉庫」と「事務所」となっており、校舎転用期間は昭和二十年四月から昭和二十一年三月の一年間、授業も一年間の停止となっている。

このように疎開先が学校となっているのは、昭和十九年四月二十八日に政府が出した「決戦非常措置要綱ニ基ク学校工場化実施要項」によるものである。これを受けて長野県は昭和二十年三月二十六日、軍事施設・軍需工場・研究機関の疎開受け入れのため中等学校・青年学校・国民学校の校舎転用について〈教第二三四号〉をもって指示し、六月十八日には「学校々舎ノ転用ニ関スル件」を通達している。

内容は、軍事施設・軍需工場・研究施設の疎開について、校長や関係者は積極的か

つ全面的に協力するように要請している。中等学校・青年学校の普通教室・特別教室・武道場・屋内体操場・講堂、国民学校の高等科用教室・初等科用教室の二分の一・特別教室・武道場・屋内体操場・講堂は原則として軍用または軍需工場に転用することとなっていた。

次の文書は七月六日付のもので、標題は「青年学校生徒出席日通知ノ件」となっている。

▼書類②

昭和二十年七月六日

長野県上伊那郡

中澤青年学校長小松茂喜

登戸中澤製造所長殿

青年学校生徒出席日通知ノ件

七月ニ於ケル青年学校生徒義務課程出席日左記ノ通リ及報告候

記

一、始業時刻　午前七時五十分

七日　十五日　二十一日　二十九日

この文書は授業は一年間停止中であるが、義務課程の生徒が七月の土曜日に四回学校に出席することを登戸製造所長に報告した内容である。

八月一日付の文書は、「学校校舎転用状況報告書」である。

▼書類③　学校校舎転用状況報告書

上伊那郡中澤青年学校

学校々舎転用状況報告書（二〇、八、一現在）

進捗別	使用者別	種別	全校 教室	全校 坪数	使用 教室	使用 坪数	全校対使用歩合 室数歩合	全校対使用歩合 坪数歩合	摘要
		教室	四	二一〇	四	二一〇	一〇〇%	一〇〇%	職員室　銃器室　講堂
転用	陸軍登戸研究所	裁縫室	一	四四	一	四四	〃	〃	等ハ従前ヨリ国民学校

完了	中澤製造所体操場								校舎ノ教室ヲ借用ス
		其他							
		計	五	一五四	五	一五四	一〇〇%	一〇〇%	

この文書には宛先がないが、内容からして県への報告書と思われる。内容は次のとおりである。

使用者は陸軍登戸研究所中沢製造所、使用施設は中沢青年学校校舎転用計画書のとおり教室が四教室一一〇坪、裁縫室が一教室四四坪となっている。その他、中沢国民学校の職員室・銃器室・講堂等が使用されていることが記されている。戦時中の文書は以上の三点である。

戦後、最初の文書は九月二十一日のもので、中沢青年学校長が上伊那地方事務所長宛てに、九月十四日付で発した〈総第三五一号〉に対する報告である。

▼書類④〈総第三五一号〉に対する報告文書

昭和二十年九月二十一日

上伊那郡中澤青年学校長

上伊那地方事務所長殿

学校々舎転用ニ関スル件

二〇総第三五一号九月十四日付標記ノ件　左記ノ通リ及報告候也

記

学校々舎転用撤去状況調査表

学校名	会社工場名	撤去ノ状況			
		原形復旧ノ状況	機械器具移転先	未撤去坪数	未撤去ノ事由
中澤青年学校	陸軍登戸研究所	五教室使用中 二教室復旧	ナシ 作業場並ニ事務室トシテ使用ス	三教室 八四坪	器具類集積所 一教室使用 事務所ニ 二教室使用

次の文書は、保存文書の中で最も重要なものである。昭和二十年十一月十八日付の文書で、標題は「青年学校武器等接収セラレシ品名調査ニ関スル件」となっており、

進駐軍により接収された武器等の品名調べである。

▼書類⑤　青年学校武器等接収セラレシ品名調査ニ関スル件

昭和二十年十一月十八日

上伊那郡中澤青学校長

上伊那地方事務所長殿

青年学校武器等接収セラレシ品名調査ニ関スル件

二〇総号外標記ノ件ニ関シ　左記ノ通リ報告候也

記

青年学校武器等接収セラレシ品名調

中澤青年学校

品名	数量	接収月日	届出ニモノナリヤ否ヤ	接収状況
小銃	八九	一〇月二五日	届出	米兵三名　通訳一名
銃剣	八〇	仝	〃	警官一名来校シ本

軽機	四	仝	〃	校器具室ニ入リ米兵
擲弾筒	三	仝	〃	自身ニテ一々調べ持出
木銃	七七	仝	否	シ トラックニ積荷ス
幕的	一五	仝	否	態度極メテ平静ナリキ
手榴弾	三〇	仝	届出	有難ウト言葉ヲ残シ
手旗	一〇〇	仝	否	去ル
十字鍬	二	仝	〃	
円ヒ	二	仝	〃	
遊動的	五	仝	〃	
保心筒	一七	仝	〃	
竹刀	五	仝	〃	
雑品		仝	〃	

写真7－2　GHQによる中沢国民学校の接収（1945年10月）

ＧＨＱが中沢国民学校に来校したことが、『学校日誌』の十月二十五日に「米進駐軍二名来校、青年学校ノ銃・剣其他、国民学校ノ木剣ヲ持去ル」という内容で記述されている。中沢青年学校の文書でも接収年月日が十月二十五日なので、中沢国民学校と中沢青年学校は同じ日に接収されたことがわかる。この進駐軍は、日系二世を中心としたＧⅡの傘下にある「第四四一ＣＩＣ支隊」の隊員であると思われる。写真7－2は進駐軍が中沢国民学校に接収に来た十月二十五日のときのもので、中央が第二科長山田桜大佐、左端が杉山圭一技術大尉、左から四人目が夏目五十男技術少佐、右から三人目が北沢隆次技師、女性たちは登戸研究所に勤務していた職員である。

内容では、銃剣・手榴弾・擲弾筒などの武器類は事前に届け出ていることがわかる。このなかで注目する武器は擲弾筒が三筒あったということである。擲弾筒は手榴弾を遠くまで飛ばす道具である。この文書を見ても手榴弾が三十本所有していたことからもある程度推測できる。これらの手榴弾は国民学校の高等科二年生が工場で製造していたものである。

最後の文書は、昭和二十一年一月二十三日付の文書で、標題は「軍部払下物品報告ノ件」となっており、登戸研究所中沢製造所より中沢青年学校に払い下げられた物品を、上伊那地方事務所長に報告した文書である。隣接する中沢国民学校にも文房具の寄贈があったことが、八月十九日の『学校日誌』に記載されている。

▼書類⑥　軍部払下物品報告ノ件

昭和二十一年一月二十三日

上伊那郡中澤青年学校長

上伊那地方事務所長殿

軍部払下物品報告ノ件

登戸研究所中澤製造所ヨリ当青年学校ニ払下ノ物品
左記ノ通り報告候也

記

更衣箱　一　机　一　作業台　三
丸椅子一〇　六尺椅子一〇　衝立　二
前置棚　四　紙屑箱　四　椅子　六

今回紹介した文書により、上伊那地方における疎開の経過がある程度明らかになった。登戸研究所の資料が「特殊研究処理要領」により処分されたことを考えると、これらの資料が現存していることは貴重である。

大月日記

長野県の疎開に大きな役割を果たしたのが所員の北沢隆次と大月陸雄である。大月は伴同様、陸軍科学研究所時代から勤務する古参所員で、総務部から敗戦時には第四科に所属していた。

大月が疎開の様子を綴った日記がある。この日記は一九四五（昭和二十）年の一月から八月まで記述したものである。この資料はご遺族が明治大学の登戸研究所資料館（以後、資料館と略す）に寄贈したものである。資料館が一昨年展示した「本土決戦と秘密戦」の資料の中から長野県に関係のある部分を引用し、疎開がどのように準備されたのかをみていく。

大月は一九四五年の前半は主に関西方面に出張しているが、長野県への出張は四月と七月の二回、上伊那地方に来ている。そのときの記述は次のとおりである（長野県に関係のある部分のみ）。

四月七日　根岸曹長は香里より研「う」を中沢へ運搬せらむべしと先導す

記述の中に出てくる研「う」とは、陸軍技師石田栄博士が発明した新型爆薬のことで、大阪の香里製造所から中沢製造所に運搬されたことが記述されている。

四月一〇日　新宿十時四〇分発にて中沢に向ふ
四月一一日　朝赤穂駅に到着　タクシーにて中沢着

科長、伊藤、夏目に状況報告
午後夏目さんに案内してもらい各地を視察し七時発にて伊藤、高野、川井と芹沢同車帰途に就

四月一〇日に新宿を午後十時四〇分発の夜行列車に乗車し、中沢村の最寄り駅である赤穂駅（現駒ヶ根駅）へ翌朝到着している。到着後は、総務科長の草場季喜陸軍少将、総務科の伊藤義友陸軍少佐、第四科の夏目五十男技術少佐に状況を報告している。

四月一八日　川井大尉に木材の交渉をせるところ、四部千石　三寸各五百石より取得不能のごとき返事あり、明日交渉に行くとのこと
夕刻北沢技師と編成の修正をやる

北沢技師とは、中沢村出身の北沢隆次技師のことで、北沢の兄が村の助役をしていたことで、疎開先を中沢村に決定したのである。木材の交渉の相手は上伊那森林組合のことと思われる。この組合の木材は登戸の施設の木材にも使用されているからであ

る。

四月二〇日　朝輸送のことに関して総務科長室にて打ち合わせ会議
　　　　　　貨車及び自動車を各々所において統制する様に決定
四月二九日　朝、天長節の式があり式後、伴、夏目、北沢と一日がかりで中沢の
　　　　　　編成を考え夕方科長の所へ行き大体の話をする
五月二四日　午後四時過ぎより総務課長に於いて建物の分配。人員の件等に就い
　　　　　　て打ち合わす
五月二五日　午後一時より班長其の他集合食事、建物の疎開等の話を決定す

五月二四日には、疎開先の建物の分配や人員の配置等を打ち合わせている。この頃、第二科の伴繁雄技術少佐も五月二二日付の「伊那村工場建設業務分担計画（案）」と、五月二四日付の「伊那村工場厚生建物及坪数調書」を作成していることから、この時期に本格的な疎開が計画されたことがわかる。

五月二八日　夏目さんと二造に研「う」其の他の件で打ち合わせ

二造は東京第二陸軍造兵廠香里製造所のことで、ここで製造された研「う」と呼ばれた爆薬は、中沢製造所で中沢国民学校の生徒や伊那商業学校の生徒たちにより、ブリキで作った簡易型手榴弾の製造に使われた。この爆薬の爆破実験を五月四日に、中沢国民学校の生徒たちに見学させている様子が『学校日誌』に記されている。

七月五日　応接室にて登戸の編成会議　折角軌道に乗りかけた四科の制作業務が目茶目茶になりそうで困った

このときの編成会議で、第二科の夏目五十男技術少佐と杉山圭一技術大尉が第四科に異動になり、大月陸雄技術大尉も総務科から第四科に異動になったと思われる。

七月七日　所長室にて一日登戸の将来の編制について大会議　相当の議論百出せるも所長の明断なる裁断により、大方針ならびに細部事項決定す

所長室とは、本部のあった宮田村の真慶寺の所長室のことと思われ、当時の真慶寺

の家人も、篠田所長が草場少将らと頻繁に会議をしていたことを証言している。また、このときの方針は日記に記述がないために詳細は不明である。

第八章　上伊那地区における陸軍登戸研究所

1　上伊那地区への疎開

登戸研究所の疎開が終了した時期が一九四五（昭和二十）年三月であるということは、中沢国民学校の『学校日誌』と、疎開のきっかけをつくった北沢隆次の証言により明らかとなった。

一九四五年三月十七日の『学校日誌』の「来校者及用件」の欄には、「登戸研究所陸軍少尉小野貞次郎、嘱託井出泰文」という内容が記載されている。これが登戸研究所が出てくる最初のものである。

登戸研究所の小野少尉とは、総務科に所属する陸軍将校であることが筆者らの調査で明らかになっている。この日の来校目的は、具体的に校舎のどこを借りるかという折衝に来たものと思われる。というのも、既に四四年の十一月ころから中沢村出身の北沢隆次が来村しており、関係機関との間で登戸研究所が疎開してくることの了解を得ていたからである。北沢はそのときのいきさつを、次のように語っている。

引っ越して来たのはどういうことかと言うと、日本は敗戦が濃厚になってきたでしょう。こちら〔登戸研究所〕のほうも、敵軍の上陸が九十九里浜、あそこへ上陸するということがわかっていたんです。あそこ以外にいい上陸地はないんです。それに対して日本軍は、あそこで撃滅作戦をやることにし、敵が本当に上陸した場合は、関東平野からいっせいに退却して応急的な陣地を造る。そのために陛下の御在所は、信州の松代がいいというわけで、ほとんどできあがっていたということを聞きましてね。……〔中略〕同時に〔登戸〕研究所も疎開しようという話が出てきたんです。それで疎開するなら、俺の〔出身地の〕中沢村はどうだっていうわけで、たまたま私の兄貴が当時、あそこの役場の助役をやっていたわけです。それで連れてきたんです。引っ越しが実際に終わったのが三月ですから、正月ころから引っ越して来るまで、学校とか関係するところを全部当たって歩いたわけですよ。

北沢のこの証言からも、登戸研究所の疎開が本土決戦に備えるためと大本営の移転に関係があったことがわかる。

登戸研究所の疎開先は、前述したように国民学校や青年学校である。このように疎開先の多くが学校となっているのは、一九四四年四月二十八日の「決戦非常措置要綱ニ基ク学校工場化実施要綱」にもとづくものである。

長野県は四五年三月二十六日、軍事施設・軍需工場・研究機関の疎開受け入れのため中等学校・青年学校・国民学校の校舎転用について〈第二三四号〉をもって指示し、六月十八日には「学校々舎ノ転用ニ関スル件」を通達している。

その内容は次のとおりである。

学校々舎ノ転用ニ関スル件

軍事施設、軍需工場又ハ各種重要研究機関ノ疎開受入ノ為中等学校、青年学校及国民学校々舎ノ転用ニ関シテハ三月二十六日付教二三四号ヲ以テ通牒セル通必要ノ都度当庁ニ於テ関係機関ト協議ヲ遂ケ転用先ヲ決定シ管理者、学校長其ノ他関係ノ向ニ対シ所要事項ヲ通達シ急速ニ措置スヘキ様指示致居候処戦局ノ新ナル進展ニ伴ヒ軍需生産工場ノ円滑ナル疎開ト右ニ依ル生産ノ増強トハ焦眉ノ急務ニシテ之等施設受入ノ為国民学校等ニ於テ二部教授ヲ行フコトモ亦避クヘカラザル情勢ニ立到リタルニ付本県ヨリ転用先ヲ指定セラレタル学校ニ在リテハ軍事施設タルト生産工場タルトヲ問ハス管理者、学校長及其ノ他関係者ニ於テ建物ノ提供等ニ関シ積極且全面的ニ協力シ以テ急速ニ疎開ノ実ヲ挙ケ現下緊迫セル国家ノ要請ニ応フルニ遺憾ナキヲ期セラレ度追テ転用建物ノ範囲其ノ他ニ関シテハ左記各項御了知ノ上措置相成度

記

一、建物ノ転用範囲ハ転用内容ニ依リ且又情勢ノ変化ニ応シ一定シ難キモ現在ノ情勢下ニ於テハ学校々舎中左ノ部分ハ原則トシテ軍用又ハ軍需生産工場等ニ転用スルモノトス

1 中等学校及青年学校

イ 普通教室

但シ第一学年及高等女学校専攻科最高学年（第三専攻科ヲ除ク）ノ学級数ニ相当スル普通教室ハ之ヲ除クモノトス

ロ 特別教室

但シ動員中ノ学徒ノ登校日ニ備ヘ前記普通教室ノ留保分ヲ充用スルモ尚不足スル場合其ノ不足分ニ充用スル為ノ特別教室ハ之ヲ除クモノトス

ハ 武道場、屋内体操場及講堂

2 国民学校

イ　高等科用教室
ロ　初等科第一、二、三学年ノ学級数ノ約二分ノ一ニ相当スル教室（低学年ノ二部教授ニ依リ生スル教室分）
ハ　特別教室
但シ動員中ノ高等科生徒ノ登校日ニ備ヘ必要ナル教室及初等科授業上必須ナル教室ヲ除ク
ニ　武道場、屋内体操場及講堂
二、他ニ適当ナル宿舎ナキ場合一時的措置トシテ校舎ヲ工員宿舎ニ転用スルモ差支ナキコト
三、生産工場等ニ転用ノ為屋内体操場ノ床板取除キ其ノ他建物模様替及改修ニ付テハ管理者限リニ於テ専行シ差支ナキコト
四、起用申請者ニ対シ積極的協力ヲ為スモ建物ノ使用遷延スル場合ハ本県ニ於テ他ノ緊急必要アル向ニ転用換ノ措置ヲ為スヘキヲ以テ其ノ状況詳細地方事務所及本県ニ速報スルコト
五、建物ノ転用ニ関シ申請者ト協議整ヒタルトキハ三月二十六日付教二三四号通牒ニ依ル転用実施報告書ヲ遅滞ナク知事ニ提出スルコト

尚転用者ニ於テ建物ノ使用開始（生産工場ニ依リテハ作業開始）ノ場合ハ管理者又ハ学校長ヘ其ノ旨知事ニ報告スルコト

六、今後ノ校舎転用県内防衛等ノ見地ヨリ軍当局トモ連絡シ特ニ慎重ヲ期シツヽアルヲ似テ他ヨリ学校長又ハ管理者ニ対シ転用ノ申込アリタル場合ハ三月二十六日付前記通牒ニ指示セル通其ノ事情並ニ之ニ対スル意見ヲ知事ニ具申シ何分ノ指示ヲ受ケラルヘク予メ申込者ニ対シ諾否ヲ表明スルカ如キコトナキ様厳ニ注意スルコト

七、屋内体操場又ハ講堂ノ転用依リ雨天ノ際ノ体錬又ハ四大節ノ挙式ハ実施シ得サルコトヽナルモ右ハ従前ノ方式ニ因ハルヽコトナク左ニ示ス例ノ如ク創意ト工夫トニ依リ措置シ転用後生スル教育上ノ困難ノ克服ニ努ムルコト

屋内体操場ヲ転用ノ場合四大節挙式ノ方法

晴天ノ際ハ校庭ニ御真影ヲ奉掲挙式シ雨天ノ際ハ校内適当ナルヶ所ニ奉掲シ校長侍立ノ下ニ生徒ヲ順次入場奉拝セシム　後段ノ場合ニ在リテハ挙式ノ順序等制規ノ通実施シ難キモ止ムヲ得サルモノトス

八、校舎ノ転用ニ当リテハ其ノ使用者ニ対シ教育ノ重要性ヲ充分ニ認識且理解セシメ雇傭人ニ至ル迄其ノ一挙手一投足ヲシテ教育上ニ好影響ヲ与フル様注意

ノ喚起ニ努ムルコトヲ要ス

内容は、軍事施設・軍需工場・研究施設の疎開について・校長や関係者は積極的かつ全面的に協力するよう要請している。中等学校・青年学校の普通教室・特別教室・武道場・屋内体操場・講堂、国民学校の高等科用教室・初等科用教室の二分の一・特別教室・武道場・屋内体操場・講堂は原則として軍用または軍需工場に転用することになっている。

次に国民学校などに疎開した登戸研究所について、平和ゼミナールの聞き取り調査、当時の学校日誌、学校史などにより上伊那地方における登戸研究所の実態を明らかにしたい。

2 中沢地区（旧中沢村）

登戸研究所の疎開が一応完了したのは、前述したように一九四五年の三月ころである。疎開して来た将校の下宿先になっていた割烹古田の古田クレは、当時の様子を次のように語ってくれた。

たしか、昭和二十年の三月ころだと思いますが、中沢村吉瀬出身の北沢隆次さんが来て、「登戸研究所という軍の機関がこちらへ疎開して来るので、ここを是非貸してほしい」と再三頼まれました。最初はお断りしたのですが、割烹だけでは生活していけない時代でしたので、最終的には引き受けることにしました。その後、将校や薬専の学生さんたちが五十人くらい来て下宿していました。昼間は本部のある中沢国民学校や近くの工場に出かけて行きました。時々掃除に行くと、将校の人たちは無線機で連絡をとっているようでした。当時は、「登戸研究所のことは絶対に話すな」と言われていました。終戦後、十月ころだったと思いますが、進駐軍が家宅捜索に来たときは、殺されると思い、家の隅に隠れていました。

古田は登戸研究所が当時何を研究していたのかまったく知らなかった。ただ、「登戸研究所のことは一切喋ってはいけない」と言われていたので、相当秘密の研究をしているらしいということは、うすうす感じていたようである。

このような事情は聞き取りを行った中沢地区の人たちも同様で、本部となっていた中沢国民学校は立入禁止となっており、そのため登戸研究所という名前は知っているが、どのような研究をしていたかとなると、ほとんどの人たちがその内容については知らなかった。

その後、登戸研究所の本部となっていた中沢小学校を訪ねた。小学校には当時の記録として、昭和十九年度と昭和二十年度の『中沢国民学校学校日誌』が残されていた。

最初に登戸研究所のことが出てくるのは、四五年三月十七日の次の記載である。

三月十七日　登戸研究所陸軍少尉小野貞次郎、嘱託井出泰文

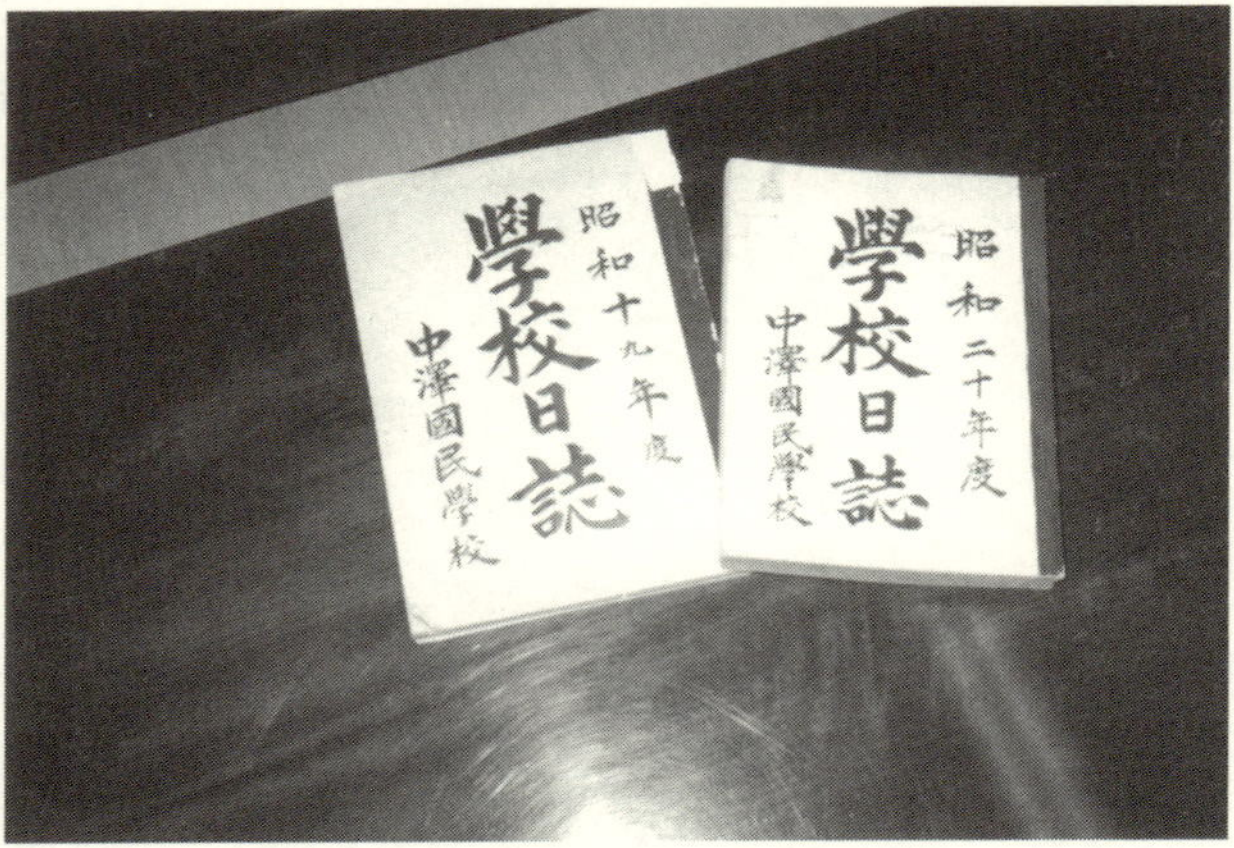

写真8－1　中沢国民学校『学校日誌』

さらに昭和二十年度の『学校日誌』には「四月二日始業式　転入学児童三十二名、内登戸関係十五名」にはじまり、登戸研究所関係のことが書かれていた。この記載から四五年の三月には、登戸研究所関係者の家族も一緒に疎開して来ていたことがわかる。

昭和十九年度・昭和二十年度の『学校日誌』に書かれていた、登戸研究所関係の記載は次のとおりである。

一九四五（昭和二十）年

三月一七日　登戸研究所陸軍少尉
小野貞次郎、嘱託井
出泰文

四月　二日　始業式　転入学児童三二名、内登戸関係一五名
　　　四日　本日ヨリ高等科二年生徒全員、登戸研究所へ勤労奉仕ノ為出動
　　　　　　（八時〜一六時）
五月　三日　登戸研究所伊藤嘱託来校
　　　四日　午後二時、登戸〔研究所〕ノ製作品爆薬ノ実地試験、穴山沖ノ天
　　　　　　龍川原ニ於テ行ヒ、高二〔高等科二年〕生徒参観
　　　五日　高等科二年生徒、登戸研究所へノ勤労報国隊結成式
六月　八日　午前八時ヨリ登戸研究所所長篠田鐐中将、体育館ニテ生徒ニ講
　　　　　　話、引続東庭テ学徒隊結成式
七月　八日　登戸研究所中沢製造所、中沢学徒隊結成式、午前九時ヨリ挙行
　　　　　　登戸研究所ヨリ丸山少佐以下工場長参列
　　二九日　登戸研究所ヨリ西分教場借用ノ申込ミ
八月一五日　大東亜戦争終結ノ聖断下ル
　　一九日　登戸研究所ヨリ文房具ノ寄贈アリ
　　二五日　登戸研究所ヨリ画用紙受領
一〇月　九日　登戸研究所ノ北沢技師来校

一二日　西庭テ甘藷試食会、登戸研究所所員一四名参会
二五日　米進駐軍二名来校、青年学校ノ銃・剣其他、国民学校ノ木剣ヲ持帰ル
一一月　一日　休業明始業、学徒隊ヲ解散、軍隊式敬礼廃止
一九四六（昭和二十一）年
二月二八日　登戸研究所関係ノ物資・機材引継
三月　七日　登戸研究所関係者、本日ヲ以テ学校引上　山田大佐他一名挨拶ニ来校

このなかの登戸研究所関係者で判明している者は、小野貞次郎少尉が宮田村に来ていた総務科所属の陸軍少尉、しかし井出はどのような人物か不明である。丸山少佐は第二科の丸山正雄少佐、北沢技師は北沢隆次、山田大佐は第二科長の山田桜大佐のことである。

『学校日誌』によれば、登戸研究所の関係者が最初に来校したのは一九四五年の三月一七日である。来校したのが総務科の小野少尉であるので、登戸研究所の疎開にあたって校舎のどこを使用するかという打ち合わせであると思われる。

四月四日には国民学校高等科の二年生全員が登戸研究所の工場（中沢製造所）へ動員されている。これは四四年八月二十三日に「学徒勤労令」と四五年三月十八日の「決戦教育措置要綱」により、国民学校初等科を除く生徒は授業を一年間停止して勤労動員をすることになったので、そのための動員である。聞き取り調査の結果では、中割協議所などで「缶詰爆弾」を製造するための動員であった。

五月四日には天竜川で登戸研究所で製造した爆薬の実験を高等科二年の生徒が参観している。この爆薬は缶詰爆弾に使用する爆薬であると思われるが、何のために参観させたのか不明である。

六月八日には国民学校において学徒隊を結成している。これは四五年五月二十二日の「戦時教育令」によるもので、各職場・学校に学徒隊を結成して本土決戦に備えようとするものである。長野県は六月十一日に「長野県学徒隊組織要綱」を制定、これに対応するため七月八日には登戸研究所中沢製造所でも学徒隊が結成されている。

敗戦後の八月十九日と二十五日には登戸研究所より文房具などの寄贈を受けている。これは北沢隆次によれば、「物がない時代であったので、登戸研究所で使用していた資材を民間に払い下げろ」という通達が来たためであるという。

『学校日誌』に文房具寄贈の記載があり、当時の学校関係者からも「登戸研究所で使用されていた器材・実験器具・薬品などが学校に寄贈された」という証言を得ていたので、中沢小学校の倉庫を平和ゼミナールの生徒たちと捜した結果、登戸研究所で使用されていたと思われる実験器具と薬品を発見することができた。

これらの実験器具が登戸研究所で実際に使用されたものであるか不明であったため、駒ヶ根市在住で元技術大尉の杉山圭一に確認を取ったところ、「この実験器具は登戸研究所のものに間違いない。木箱も登戸研究所のものである」という証言を得ることができた。

中沢小学校の倉庫から登戸研究所の実験器具が発見されたことにより、上伊那地方でも本格的な研究の準備がされる予定であったことが判明したが、実際には資材不足と疎開後すぐに敗戦となったため、本格的な研究は出来なかったようである。

登戸研究所が中沢国民学校に疎開してきた当時のようすと、研究のために使用された教室が、中沢小学校の学校史である『中沢学校百年誌』に記されている。その内容は次のとおりである。

「登戸研究所」は「陸軍第九技術研究所」の別名（通称）で神奈川県登戸にあり、戦争が苛烈を極めた昭和二十年三月、宮田・赤穂・飯島・中沢などに疎開してきた。

「中沢製造所」は「中沢国民学校」の一部が工場にあてられた。現北校舎（当時は青年学校の校舎で平屋四教室）が工場になり、事務所は現在の家庭科室（当時は裁縫室）に作られた。責任者は岩本大尉等であった。「登戸研究所」は防諜・謀略・宣伝に必要な兵器・資材の研究と製造が任務で、スパイカメラ・風船爆弾・にせ札・放火爆破資材・毒殺器具薬剤等が造られたといわれる。上記四カ所で千人余が従事し、中沢では国民学校の高等科児童も勤労動員により短期間ではあったがここで働いた。終戦で閉鎖となり残務整理も翌二十一年頃までに片付いたようである。

『中沢学校百年誌』の記述は、登戸研究所の実態があまり知られていない当時のものであるが、責任者が岩本大尉等という誤りはあるものの、かなり正確に記されている。同書により、登戸研究所の事務所は裁縫室、工場は青年学校の校舎が使用されていたことが明らかになった（現在の中沢小学校は全面改築され、『中沢学校百年誌』に記載されている校舎はない）。

また、筆者は当時高等科二年生で中沢製造所へ動員された中沢在住の吉沢常夫と野村清忠から当時の様子を聞くことができた。両氏から確認できたことは次のようなことであった。

・「旧中沢村中割協議所（現中割研修センター）」において、缶詰爆弾を製造していた。その製造のために動員された。
・「香花社」という神社では、伊那商業学校の生徒が四十人位動員され、旋盤で缶詰爆弾に使用するブリキの型抜きをしていた。
・数十センチメートルのロケット弾のようなものも製造していた。
・一日動員に行くと一円支給してくれた。

さらに両氏から、「一本柿」という屋号の家に登戸研究所が疎開していた事実も明らかになった。同家の林茂樹に確認したところ、「家の二階が工場になっており、ライカのカメラや引伸機がたくさんあり、研究書などもたくさんあったと思います」という証言を得た。カメラや引伸機は、『学校日誌』にも記載があった第二科の丸山正雄少佐の関係のものではないかと思われる。丸山少佐の研究が写真関係のものであるからである。

伊那商業学校から登戸研究所への動員については、今まで詳しい内容が明らかになっていなかったが、今回当時の関係者から次のような証言が得られた。

中沢の登戸研究所に動員されたのは九十人あまりで、五班に分かれ次のような仕事に就いていた。

蔵沢寺　この寺には二十五人ほどが寝泊まりして、機械の仕事に従事していた。

桃源院　この寺には二十人ほどが寝泊まりして、無線機を製作していた。これは敵の無線を傍受して拡幅する機械であった。

東亭　この旅館には二十人ほどが寝泊まりして、機械の仕事に従事していた。

常秀院　ここには化学班に従事して爆弾を作っていた。終戦の翌日農家の牛車に爆弾を積んで蔵に運んだ。

香花社（神社）　この神社には二十数名が寝泊まりして、旋盤などでブリキの加工をしていた。ブリキで作られた幅四センチ×長さ一七センチの箱には爆薬を入れて、簡易型の手投弾が製造されていた。

その他、焼夷弾の材料となる黄燐が一斗缶で五十缶ほどあり、常温では保管が難しいので川の中に入れてあった。

3　東伊那地区（旧伊那村）

東伊那都（旧伊那村）は、第二科第一班長であった技術少佐の伴繁雄が責任者として疎開していたところで、疎開先は当時の伊那村国民学校（現：駒ヶ根市立東伊那小学校）である。

伴から入手した資料によれば、ここの登戸研究所の工場を「伊那村分工場」と呼んでおり、所員および従業員は四四名であった。現地採用の工員などを含めた内訳は、陸軍技術少佐一名、同大尉一名、同中尉三名、下士官一名、技手三名、見習士官二名、陸軍嘱託二名、雇員七名、工員二十四名となっている。

東伊那学校にも昭和二十年度の『学校日誌』が現存していた。登戸研究所に関する主な記述は次のとおり。

昭和二十年

五月　二日　登戸研究所　研究室貸与
五月　三日　登戸研究所　理科室貸与
六月二九日　登戸研究所中沢製造所へ動員
八月一八日　学徒有毒チョコレート誤食、事前処置完了

このなかに登戸研究所のことが最初に出てくるのは、五月二日の「登戸研究所研究室貸与」という記述である。翌三日にも「登戸研究所理科室貸与」という記述があり、登戸研究所が伊那村国民学校の校舎を使用しはじめたのは、四五（昭和二十）年五月からであることがわかる。さらに五月二十九日のところには、「ピアノ貸与ニツキ注意ヲ要スルコト、特ニ登戸所員ニツキ」とある。

生徒の動員に関する記述がはじめて日誌に出てくるのは六月二十九日からで、その後毎日、高等科二年の生徒が登戸研究所の中沢製造所へ動員されている様子が記されている。この内容から高等科二年の生徒たちは、自分の学校では作業をしていないことがわかる。まだ、作業を開始するための準備ができていなかったためであろう。

敗戦時までの日誌の内容は、登戸研究所中沢製造所への動員の記述のみであったが、八月十八日のところには、「登戸学徒有毒チョコレート誤食、事前処置完了」と

記されていた。これは明らかに登戸研究所へ動員に行っていた生徒が、敗戦直後に学校にあった登戸研究所の毒入チョコレートを誤って食べたため、学校で事前〔事後〕処置したという記述であろう。

日誌にはそれ以上のことは記されていないが、伴によれば「毒入チョコレートは土方少佐が担当していた毒物の関係でサンプルとして疎開先に持ってきたもので、敗戦の混乱で陳列ケースに入れたままになっていたものを、生徒が誤って食べてしまった。幸いすぐに処置をしたので、生命には別状がなかった」ということである。

その後、毒入チョコレートを誤食した当時の生徒を捜したところ、そのなかの一人（当時、伊那村国民学校高等科二年生の女生徒）が見つかった。

毒入チョコレートを誤食した経過は、次のような事情によるものであった。

戦時中は動員で中沢の工場に行っていました。伊那村国民学校で作業をしたことはありません。しかし敗戦となったため、今度は伊那村国民学校で登戸研究所の後片付けを手伝うことになり、校庭に穴を掘って実験器具などを埋めていました。そのなかにチョコレートがあり、軍の方がそれを見つけ私たちに下さいました。それを知った八反田さんという将校の方が、とても慌てて私たちを医者に連れて行き、胃の洗浄をしたことを覚えています。

当時の関係者からの証言により、毒入チョコレート誤食の原因が、チョコレートに毒が入っていることを知らない軍関係者が、親切心で生徒たち数名に処分するはずのチョコレートを渡していたことがわかった。当然、登戸研究所の将校はその事実を知っていたので、慌てて胃の洗浄を行ったのである。証言のなかに出てくる八反田さんとは、第二科の八反田一三中尉のことである。

伊那村国民学校では生徒たちの動員が行われていないので、特別な研究はされていないようである。伴によれば登戸研究所の伊那村分工場で製造される予定のものは、「現地調整品」と呼ばれる簡単な爆薬で、缶詰爆弾などに使用されるものであった。

4　赤穂地区（旧赤穂町）

赤穂国民学校においても他の地区の国民学校と同様に、いっさいの学業を捨てて、食糧増産、武器の生産などに当たることが指示された。高等科の生徒は軍需物資生産のため、赤穂町内の軍需工場や学校内工場へ動員された。
四五年四月十四日付の赤穂国民学校の『職員会議録』には、高等科の生徒たちの動員の様子が記されている。その内容は、次のとおりである。

高等科ノ出動ニ関スルコト
授業停止ト出動命令ノ件、当局ト折衝シ近ク、一六日ニ出動式ヲ挙行シタイ
工場方面　　学校工場　　帝国通信　　校長ガ責任者トナル
　　　　　　町ノ工場　　登戸工場　　軍ガ責任者トナル
　　　　　　　　　　　　小沢工業

日蚕工場

出動人員　帝国通信　高一女　一五〇名
　　　　　登戸工場　高男　一五〇名
　　　　　　　　　　高等女学校　一年　一五〇名
　　　　　　　　　　専攻科　四〇名
　　　　　小沢工業　高二女　五〇名
〔日蚕〕　赤穂工場　高二女　八〇名
　　　　　食糧増産　二〇〇名
　　　　　農業会等ト連絡機動性ヲ発揮スルコト

この資料によれば、町内の軍需工場（帝通・小沢・日蚕）と中沢に設けられた登戸研究所の中沢製造所への動員が行われている。これらの動員に備え、職員も出動委員会を設置して生徒たちの動員に対応している。軍需工場の日蚕とは、製糸業の統制によって四三年二月に設立された「日本蚕糸製造株式会社」のことで、軍の被服工場として協力していた会社である。

昭和二十年度の『学校日誌』による登戸研究所に関する主な内容は次のとおりである。

昭和二十年度

四月　一日　登戸　伊藤少佐来校
四月　二日　登戸研究所中沢分室へ行ク
　　　　　　高一、二男子登戸工場中沢分室受入式ニ行ク　一五〇名
　　　　　　中沢、伊那村モ合同
四月　五日　登戸中沢製作所ノ藤江中尉、伊藤軍属来校
四月　六日　登戸、夏目少佐外三名来校
四月　九日　陸軍登戸研究所へ初ノ動員実施
　　　　　　高二　男三八名　高一　男四八名出動ス
　　　　　　作業九時ヨリ三時マデ
四月一二日　中沢製造所へ高二　四〇　高一　四五名　校舎内移動ノ計画ナス
四月一四日　中沢へ三七名　教室移動整頓ヲ始ム
四月一六日　中沢へ七六名　学徒出動壮行式
　　　　　　学校校舎転用ニ関スル件　公文書受ケル

四月二五日　登戸研究所丸山少佐来校
四月二八日　登戸研究所丸山少佐外二名来校　工場用ノ場所ノ選定打合セヲナス
四月三〇日　出動登戸　中沢二ノ三　学校　二ノ一
五月　一日　登戸工場赤穂ヘモ移リ第五体錬場ノ床板ヲハガシ工場ニ改造ヲハジメル
五月　九日　登戸藤江大尉　学校工場申請ノ件デ来校
五月一四日　学校報国隊出動令書二通　県ヨリ
　　　　　　第二九六　登戸研究所　男　一六四人
　　　　　　帝通ノ工場ヲ第一校舎へ招致ス
五月二一日　登戸手当金受領（鈴木技手ヨリ）
　　　　　　金七百七拾壱円

	日数	日給	
職員	二一	一・〇〇	二一・〇〇
生徒	七五〇	一・〇〇	七五〇・〇〇

六月　一日　登戸出動児童受入式　八時
　　　　　　高二　男八〇　女四〇

高一　男四〇
六月　二日　登戸工場長山田大佐外二名来校
六月　三日　登戸　第六工場ノミ出動　高二　男二〇　高二　女四〇
六月　四日　出動　帝通　日蚕
登戸　高二　男六〇　高一　男四〇　第五
高二　男二〇　高二　女四〇　第六
六月　七日　登戸研究所長［篠田］中将外山田大佐来校　工場視察
六月一〇日　女学校登戸出動生徒学徒隊結成式
六月一九日　登戸ヨリ五月分手当
一七九七・四〇円ヲ受ケル　延一六三四日　一日一・一〇円
六月二八日　出動　登戸　中沢へ行キ発火実験見学
七月三〇日　登戸　第四体ヲ貸ス
八月　二日　登戸出動学童ハ午前八時ヨリ一七時マデノ作業時間ニ変更ス
八月一五日　正午重大放送アリ
八月一七日　登戸工場、帝国通信へ動員
八月二四日　登戸分場学徒出動解散式　午前一〇時

九月　一日　登戸　理科校舎明渡シ
一一月　九日　伊那町［現伊那市］進駐軍二名来校
一二月　四日　午前進駐軍八名来校、校舎内外ヲ巡視

以上のように、赤穂国民学校の『学校日誌』には登戸研究所の関する記述が多く記載されている。進駐軍が来校した記録は、十一月九日が最初の記述であるが、この日誌には十月二十二日から十月二十八日まで空欄となっており、中沢国民学校に進駐軍が来校したのが十月二十五日で、伊那村国民学校が十月二十六日であることを考えると、赤穂国民学校に最初に来校したのは、この前後の日付であると思われる。

また、「学校校舎転用ニ関スル件」の公文書を受け取ったのが四月十六日であるが、中沢青年学校の「校舎転用計画書」が作成されたのも同じ四月十六日となっている。これは、三月二十六日に県から軍需工場や研究機関のために校舎転用を指示する文書が発せられたので、これを受けてのものと思われる。

中沢製造所への動員については四五年四月二日に受入式が行われ、四月九日に高等科男子生徒一五〇名による最初の動員が行われた（中沢国民学校高等科の生徒につい

ては、四月四日から動員が行われている)。町内の軍需工場への動員は四月十七日より行われ、動員されない生徒たちは全員が食糧増産のための開墾作業に従事させられていた。しかし中沢製造所への動員については遠距離であるため、国民学校内への工場設置が検討され、五月一日に登戸研究所の学校内工場が設置されている。『学校日誌』は、その日の様子を「登戸工場赤穂へモ移り、第五体錬場ノ床板ヲハガシ工場ニ改造ヲハジメル」と記している。

五月九日の『職員会議録』の記録には、学校内工場の設置について次のように記されている。

学校校舎ノ工場設置ニツイテ

使用校舎

登戸工場　第一校舎、第五体錬場、理科校舎

帝国通信　北校舎二階

海軍衣料廠　女学校校舎

工場出動生徒へ

団体訓練、勤労意欲ノ助長、師弟同行、陣頭ニ立ッテ工場モ自分ノ教室ト心

得、手持チ時間ハ勉学、自学自習ノ躯ヲ十分ナス

『職員会議録』によれば、登戸研究所に貸与した校舎は第一校舎、第五体錬場、理科校舎となっている。その他、筆者らの聞き取り調査で、青年学校校舎も使用されていることが判明した。

敗戦と同時に生徒たちの動員も中止されたが、製造品の処分のためにその後も何日か動員されている。八月十七日の『学校日誌』には、登戸工場と帝国通信への動員が記録されている。実際に各工場への動員が中止となり、解散式が行われたのは、登戸工場が八月二十四日、帝国通信が八月二十七日、日蚕工場が九月八日となっている。

5　飯島地区（旧飯島村）

赤穂高校平和ゼミナールの調査により、飯島（旧飯島村）地区には第二科第三班の土方博少佐の毒性化合物の班が疎開していた事実が判明している。

飯島小学校には中沢小学校にあったような当時の『学校日誌』がなく、登戸研究所のことを知る手掛かりがなかったのである。しかし、幸い『飯島町学校教育百年史』に当時の『学校日誌』と『職員会議録』の記録が載せられているので、それらの資料から当時の飯島地区の状況を見ていきたい。

『飯島町学校教育百年史』には、当時の飯島国民学校の酒井宇宙治校長が長野県知事に提出した、登戸研究所のために校舎を転用するという文書がある。この文書を提出した時期は明らかでないが、転用期間として「自昭和二十年四月至昭和二十一年三月」とあることから、四五年三月ころのものであると思われる。以下は、その内容である。

当校校舎転用ニ付申込有之候条左記事項具申候也

一、校舎転用申請者　陸軍登戸研究所中沢製造所

二、校舎転用ノ目的及其ノ用途　特殊兵器研究ニ関スル重要資材倉庫並事務所トシテ転用

三、転用期間　自昭和二十年四月至昭和二十一年三月

四、其他転用部分建物及其ノ延建坪数　別紙ノ通リ

右ニ対スル意見　本転用ニ依リ教育上特別ノ支障ヲ来サズ貸与可能ト認ム

この文書によれば、校舎転用の申請者は「陸軍登戸研究所中沢製造所」となっている。中沢製造所となっているのは、登戸研究所の研究・製造部門の本部が中沢国民学校であったため、上伊那地方における登戸研究所関係の工場にはすべてこの名前が使われている。ただし、伊那村については前述のように「伊那村分工場」という名前が使われていた。

校舎転用の目的は、特殊兵器研究となっているだけで具体的な研究内容は記されていない。転用期間は四六年三月までとなっているが、これは「戦時教育令」により同

月まで国民学校の高等科以上の授業が停止されたため、校舎の転用期間を四六年三月までとしたのであろう。

この具申に対して、同年五月一九日付をもって長野県内政部長より学校長あてに次のような指示がなされている。

学校校舎転用ニ関スル件

サキニ貴校舎一部ヲ陸軍登戸研究所中沢製造所ノ倉庫及事務室ニ転用ノ件ニ関シ具申相成候処右転用ノ儀ハ差支無之候ニ付管理者並ニ申請者ト細部協議ノ上三月二十六日教二三四号学校々舎転用ニ関スル件通牒ニ依リ学校々舎転用実施報告書ヲ遅滞ナク提出相成度

追而校舎転用ニ当リテハ左記事項御留意ノ上実施相成度

記

一、転用建物ノ決定ニ当リテハ作業ノ内容及備付機器ノ種類等ニ充分意ヲ用イ転用ノ為学校全体ノ教育上大ナル障害ヲ及スガ如キコトナキ様厳ニ注意スルコト著シキ騒音ヲ伴フ作業ハ他ノ校舎ニ於ケル児童ノ教育ニ影響勘カラサルニ付之ヲ避クルコト

二、現下ノ状勢ニ鑑ミ雨天体操場ノ転用ハ之ヲ認ムル方針ナルコト必要止ムヲ得ズシテ二部教授ヲ実施スル場合ハ初等科低学年ニ限リ之ヲ認ムルモ之ガ実施ノ場合ハ証地ノ状況其他充分考慮スルコト

三、作業内容ニ付テハ申請者ノ工場ヲ実施ニ参観シ充分知置コト

四、原則トシテ校舎ハ工員ノ寄宿舎ニハ転用セザルコト

このように、飯島国民学校および飯島青年学校の校舎が登戸研究所の研究室・製造所に転用された。登戸研究所のために転用された教室は、七教室一四〇坪である。その他、倉庫六〇坪も資材置場として転用されている。

なお、四五年六月二十六日付の報告書によると、飯島国民学校の校舎転用状況は次のとおりである。

一、陸軍登戸研究所中沢製造所、研究室、兵器製造、事務室、倉庫　二〇〇坪

二、東京文理科大学〔現：筑波大学〕研究室　一二五坪

三、浅野重工業　研究室及び事務室　三五坪

四、各務原陸軍航空　浜松航空研究所研究室（田切分教場裁縫室契約済）三五坪

五、東京内海工場研究室（田切分教場予定）（皇国三〇一三工場）　二五坪
（航空機木材膠着材製品検査資材容器ノ格納）

同年八月には、登戸研究所はさらに南校舎理科準備室、実験室など三教室六〇坪の使用をはじめ、田切分教場の雨天体操場三五坪、本郷分教場三教室の使用を申請し、学校はこれを許可しているが、こちらの方はすぐに敗戦となったため、ほとんど何もできなかったようである。また、東部第三一〇二〇部隊のために校舎の一部を提供する契約書が五月一日付で交わされている。

飯島国民学校の本校については、昭和一九年度と二〇年度の『学校日誌』が現存していないため、登戸研究所の関係者がいつ来たか不明であるが、本郷分教場については二〇年度の『学校日誌』が現存しているので、これによりある程度の内容を知ることができる。

一九四五（昭和二十）年
六月一四日　日本航空浜松工場足立氏外二名来校、校舎借用申込アリタレバ校長及ビ村長ト懇談セル様ニ語ル

一九日　登戸ノ兵隊二名来校、校舎借用ノ件ニ付申込アリ、スデニ決定ノ模様ナリ
三〇日　登戸陸軍研究所小堀大尉及ビ浜松飛行隊員二名来校、校舎借用ノ件申込アリ
七月　六日　浜松航空隊員来校、体操場へ荷物搬入ヲナス
七日　浜松航空隊員前日通リ荷物搬入ス
二八日　学徒隊分隊長任命式ヲ行フ
登戸研究所小堀大尉外一名来校、研究所使用ノタメ校舎借用ノ話アリ、二階ニ児童ヲ上ゲテホシイ趣キナレ共、当方トシテハ二階ヲ使用シテ貰ヒ度イ旨ヲ話ス
八月　七日　登戸研究所天野技師中尉来校、学校使用ニ付話アリ
九日　登戸研究所天野中尉来校、裁縫室タタミ借用ノ趣、校長先生ヨリ許可アリタル向、即日搬入ノコトヲ約セリ
一〇日　電話ニテ前日ノタタミノ件ニツキ校長ニ伝シタルトコロ、一切話ナケレバ搬出ヲコトワルコトトナスコト
一五日　無事　大詔御放送アリ

この『学校日誌』によれば、本郷分教場には浜松にあった日本航空と登戸研究所が疎開していることがわかる。登戸研究所の関係者が最初に来たのは六月十九日で、二名来校とある。このときの二名は不明であるが、六月三十日の小堀大尉とは土方少佐の部下の小堀文雄大尉のことである。

登戸研究所が飯島国民学校に疎開した時期は、長野県知事あてに提出した文書でも明らかなように、一九四五年の三月から四月にかけてである。さらに、『長野県教育史・別巻二〈年表〉』の四五年四月のところにも、「飯島国民学校、校舎の偽装を行なう」という記載があることから、中沢国民学校に疎開して来た四五年三月とほぼ同じころであると思われる。

この『長野県教育史』の記載は重要である。登戸研究所が疎開した学校は、本部の中沢国民学校をはじめ伊那村国民学校、宮田国民学校などがあるが、飯島国民学校以外このような記載はない。

当時の状況としては、どこの学校でも少なからず校舎の擬装をしていたはずである。それなのに飯島国民学校だけ校舎擬装の記載があるのは、大規模な擬装が行われたのではないかと思われる。考えられる理由は、飯島国民学校に疎開したのが青酸化合物（青酸ニトリール）の研究を担当していた、第二科の土方博少佐の班であり、この班の研究は登戸研究所のなかでも非常に重要な研究であったということである。

さらに、当時登戸研究所の所員が下宿していた家（小川源一郎宅）に「登戸研究所の軍属で昆虫の研究をしていた、「はぶあきのぶ」という名前の人がいた」ということを、小川の孫にあたる当時宮田中学校の教諭米山隆司から連絡をいただいた。昆虫の研究者で「はぶ」という名前は、第二科の東京高等農林学校（現：東京農工大学）農学科出身の土生雅中のことであると思われる。

土生の所属していたのが第二科の第六班（対植物用細菌）である。この班は農林省農事試験場で病理を担当していた池田義夫少佐を班長に、主要農作物への効果的な攻撃方法を研究する班であった。これらの対植物用細菌は風船爆弾に搭載してアメリカ大陸に運ばれる予定であったが、第三章で述べたように細菌兵器は実際には風船爆弾には搭載されなかった。

対植物用細菌班の一員である土生が飯島へ疎開していたということは、青酸化合物の研究のほかに昆虫による農作物への細菌攻撃の研究も飯島で行われる予定であったものと思われる。

6　宮田地区（旧宮田村）

聞き取り調査した当時の関係者からは、「宮田村には登戸研究所の開連施設はなく、会社などの倉庫に資材が置かれていた程度」と聞いていた。このような状況は、他の地区においても農家の倉庫や神社などに資材が置かれていたので、宮田村については詳しい聞き取り調査は行わなかった。

筆者は今までの登戸研究所に関する調査結果を、上伊那郷土研究会発行の『伊那路』第三四巻第一〇号において、「上伊那地方における陸軍登戸研究所に関する調査について」として発表した。そのなかで「聞き取り調査の結果でも宮田村が本部となっていた事実はない。本部は中沢村の中沢国民学校である」と書いている。平和ゼミナールの生徒たちとの調査でも、中沢が本部であると思っていた。

まず、登戸研究所を上伊那地方に連れて来た北沢隆次の実兄が、当時、中沢村役場の助役をしており、その関係で中沢村に来たと聞いていたし、北沢自らも中沢国民学

写真8－2　疎開後の本部となった真慶寺

校が本部となっていたと言っている。それに、技術少佐だった伴繁雄も、本部は中沢に間違いない、と言っていた。また、所長の篠田中将の住んでいた所も中沢村の穴山という地区であった。これらの事実から、本部は中沢国民学校としたのである。

しかしその後、防衛庁から入手した資料には、本部は宮田村であったと記されていた。この資料から、宮田村にも何か施設があったのではないかと思っていたが、宮田村についての聞き取りは未調査のままであった。

その後、『伊那路』の拙稿を読まれた、横浜市の鈴木義昭から筆者あてに、「陸軍登戸研究所の本部は宮田村の真慶寺である」という手紙をいただいた。

鈴木は真慶寺の出身であり、生前は横浜市の大林寺の住職をしていた。鈴木は、学生のころ寺に登戸研究所が疎開して来たことを鮮明に覚えていた。

手紙には、「赤穂高校平和ゼミナールの調査で、宮田村が本部となった事実はないと書かれていますが、実際には宮田村に来ていたのです」という内容が記されていた。

この手紙は筆者あての私信であるが、当時の状況が詳しく述べられており貴重な資料であるので、要旨を転載しておくことにする。

……唯本部の所在ですが、宮田村の北割に真慶寺と言う寺がありますが、そこが本部のようです。「宮田村が本部なった事実はない」とのことですが、あの広い本堂（本尊様のおられる内陣だけは除き）全部と庫裡（寺族の居住のため二部屋だけは除き）全部の畳をはぎ（畳は研究所員や将校、兵隊の宿舎に運び使用。終戦後ほとんど返還されなかったために寺では大変難儀をした）、そのあとに素晴らしい秋田杉の板を全室張りつめ、事務机を何十脚となく並べ、川崎から来た将校、兵隊、女事務員、更に現地で採用した若い女の子などが、きびきびと事務をとっていました。一番偉い主任は伊藤少佐でした。たしか中将の方が二度か三度来られ、二、三日泊まられる事がありました。私の母と姉は現地採用の雇員で、御接待に大変であった様に記憶しております。

その他に、その頃不足していた砂糖、油、布などが山の様に積まれており、特に給料日には各支部より受け取りに来られました。ある時、主計中尉の方が本堂前に野積されてシートをかけた弾薬箱を指差して、「あれ何かわかるかね」と申して、一つの箱をバールでこじあけますと、百円、拾円、一円の新札がはちきれんばかりに入っているのには驚きました。終戦時に山積された金箱は実に壮観でした。給料プラス退職金の何十箱、何百箱の山積野積ですので驚きました。各支部はトラックでその主計中尉さんより受領して行かれました。外観は部品か薬品詰めの箱の様で、誰も気が付かない様でした。夜も当直の将校、兵隊さんくらいで外の庭に野積（シートを掛け）でしたが、なくなりません。のんきな良き時代でした。

元宮神社の舞台には、その頃欠乏していた砂糖、油、布などが山と保管されていた様です。終戦時・書類と重要書籍の焼却は一週間もかかった様です。中将の方はアメリカへ連れて行かれ、取り調べを受ける事だろうとの噂がありました。

手紙のなかに出てくる中将は登戸研究所の所長の篠田鐐中将のことであるが、主計大尉は誰であるか不明である。

鈴木は真慶寺の出身で、当時は学徒動員で零戦の計器を作っていたということである。手紙にも書かれているように、鈴木の母親と姉が現地採用の雇員として登戸研究所で働いていた。

さっそく、鈴木の実姉である伊那市在住の有賀吉子（旧姓赤尾）に連絡をとったところ、「今まで家族以外の者には、あまり話したことはないが、正しい歴史が伝えられないといけないので、実家の真慶寺でお話ししましょう」という返事をいただいた。

筆者は、この手紙に書かれている事実を確認するため、平和ゼミナールの生徒たちと真慶寺を訪ね、有賀から当時の状況を聞くことにした。

登戸研究所が疎開して来た当時、私は十九歳で、ある小学校の代用教員をしていました。そのうち、登戸研究所という軍の機関がここ〔真慶寺〕に疎開して来るというので、是非そこの職員になってほしいと頼まれました。そのとき来たのは、伊藤少佐とおっしゃる方でした。引っ越しが全部終了したのは、たぶん〔昭和〕二十年の三月ころだと思います。疎開後は、伊藤少佐がここの責任者をしていました。その下に小野少尉という方がいたように記憶しています。

さらに、篠田中将や草場少将らが秘密会談をするための部屋が真慶寺にあったこと、庭には新札が入った木箱が積まれていたなど、興味深い事実を聞くことができた。有賀さんが職員として採用されたところは、総務の人事担当部門であった。

人事の人数は、登戸から来た女の方が三人と、それに私、その他に軍属の男の方が二人いました。特に、人事の話は一切口外してはならないと言われていました。今から思うと、中国の中支への出張の書類が沢山あったように思います。室中の間が秘密の会議室になっていまして、篠田中将や草場少将や伊藤少佐がそこで会議をしていました。会議中にお茶の接待などで中へ入ることができたのは、私だけでした。

草場少将は総務科長と第一科長兼務の草場季喜少将であり、伊藤少佐は草場少将の部下で宮田の本部の実質的な責任者である伊藤義友少佐のことである。

今回の聞き取り調査のなかで重大な発見が二つあった。その一つは、人事部門の書類の中に中支（中国中部）への出張の書類が、たくさんあったという事実である。

中文といえば上海や南京である。ここで思い出すのが、かつて同地方で、登戸研究所の所員によって、人体実験がされたことがあるということである。それは、四一（昭和十六）年五月、南京の一六四四部隊（中支派遣軍防疫給水部）で行われた実験で、登戸研究所の技術将校ら七人が、同部隊に派遣され、青酸性毒物やヘビ毒、炭疽菌などの細菌を使って中国人捕虜約三十人を対象に、死ぬまで実験を繰り返した、というものである。さらに、四三（昭和十八）年末に、同様な実験が上海の特務機関でも行われた（第六章参照）。

既に述べたように、登戸研究所と一六四四部隊とが密接に関わっていたことが明らかになっている。青酸性毒物は登戸研究所で開発された「青酸ニトリール」と呼ばれる毒薬であるし、ヘビ毒についても登戸研究所の所員が台湾へ毒蛇を採取に行ったことが、平和ゼミナールの聞き取り調査で明らかになっている。炭疽菌についても、登戸研究所第二科第四班長の黒田軍医中尉が研究していた事実が判明している。

しかし、このときの出張が人体実験に関係したものか、そうでないかは不明であるが、有賀によれば、誰がどこに行き、どう異動したか、ということが書類には記載されていたという。そしてそのことは、最も秘密のことで「絶対に口外してはならない」と言い渡されていたらしい。これらの書類は、敗戦と同時に真慶寺の庭で焼却処分され、その焼却には一週間以上を要したという。

本部については、当初、平和ゼミナールの調査では中沢国民学校としたが、今回新たに宮田村が本部となっている事実がわかった。兵器行政本部の敗戦時の資料でも本部は宮田村となっており、業務内容は「企画、庶務、人事、経理、医務、福利」となっている。

それに、兵器行政本部の資料には第三科の疎開先が載っていない。第三科は福井県の武生に疎開したことがわかっている。福井県は和紙の産地であるし、印刷局も疎開していたため、第三科は同地方に疎開先を決定したのではないかと思われる。

また、伊藤少佐、小野少尉という名前も、中沢国民学校の『学校日誌』には記載されていたが、今までこの二人の名前についての詳細は不明であった。しかし、今回の聞き取り調査で宮田村に来ていた所員であることも明らかになった。

さらに、宮田村では真慶寺のほかに宮田青年学校にも登戸研究所の関係者が来ていることが、昭和二十年度の宮田青年学校の『学校日誌』に記されている。

七月十七日の外来者の欄に「登戸主任」とあり、同日の文書物品欄には「役場より至急報あり」という記述がある。具体的な内容は記されていないが、登戸研究所の主任は、総務科長の草場季喜少将か伊藤義友少佐であったと思われる。また、役場よりの至急報は青年学校を登戸研究所に転用するための連絡であろう。

登戸研究所に関する記述は同日のみであるが、八月十四日の行事欄には「大東亜戦争終結の詔書下る」という記述がある。日本政府がポツダム宣言を受諾したのは八月十四日であるが、国民に発表したのは八月十五日である。そのためほとんどの国民学校の『学校日誌』では八月十五日の欄に戦争終結の記述かある。しかし宮田青年学校の『学校日誌』では、一日前の十四日の日付になっている。これは単なる日付の間違いとも思われるが、登戸研究所の本部（総務）があった宮田村の青年学校であることと、登戸研究所が参謀本部に直結していたことを考えると、すでに十四日の時点で「詔書が下る」との情報が宮田村の本部に届いていたと推測できる。

その他、『学校日誌』に記載されている軍関係の記述を拾うと、九月十二日の欄には、役場の職員が「九九式及三八式銃の接収に来る」との記述があり、青年学校に実際の銃があったことがわかる。九月十二日以外の日付のところでは単に「銃器」や「青校銃器」と区別して書いていることから、「九九式」は九九式小銃、「三八式」は三八式歩兵銃のことであると思われる。これらの銃は本土決戦用に準備されたものであろう。

進駐軍が青年学校に来たのは十月二十六日である。同日の『学校日誌』には「青校銃器接収のため、伊那町進駐米兵三名と通訳の計四名来校」という記述がある。研究部門の本部である中沢国民学校へ進駐軍が来たのが十月二十五日であるので、その翌日ということになる。

第九章　北安曇地区における陸軍登戸研究所

写真9－1　寺尾信雄からの聞き取り調査

長野県における登戸研究所の主な疎開先は上伊那地方であったが、第一科の一部は北安曇地方にも疎開している。兵器行政本部作成の資料によれば、長野県北安曇郡松川村に疎開した登戸研究所は「北安分室」と呼ばれ、主な研究は「強力超短波ノ基礎」となっている。さらに、他の疎開先の施設がすべて借上施設であるのに対し、この北安分室だけは研究室二棟が建設されている。

筆者は松川村に疎開した第一科の内容を調査するため、当時、第一科の技術中尉であった寺尾信雄を訪ね話を聞いた。寺尾は登戸研究所の疎開とともに長野県に来ており、生前は疎開先であった北安曇郡松川村に住んでいた。

北安曇地方には、登戸研究所第一科長の草場季喜少将を責任者として、松川村に本部および松川研究班、隣の池田町には池田研究班、当時の会染村（現：池田町）には会染研究班が置かれた。疎開の時期は、一九四五（昭和二十）年の四月から五月にかけてである。

1　松川地区（旧松川村）

松川村の本部は当時の松川国民学校（現：松川村立松川小学校）に置かれ、草場少将以下、本部要員として七名。松川村の神戸原地区には松川研究班の研究員五名、池田町の池田研究班は当時の北安曇農学校（現：池田工業高校）に置かれ、研究員は十一名。会染村の会染研究班は当時の会染国民学校（現：池田町立会染小学校）に置かれ、研究員は九名という配置であった。

本部となっていた松川国民学校の『学校日誌』には、登戸研究所に関して次のような記載がある。

一九四五（昭和二十）年

六月　四日　陸軍登戸研究所中井藤次郎、榛葉助役、教室及炊事用具借用ノ件

一四日　登戸研究所大槻少佐来校

七月一五日　東部五十連隊ヨリ兵士四〇名来泊、登戸研究所作業
　　二一日　登戸研究所員ト会食
一〇月　五日　米進駐軍二名登戸研究所へ巡察
一一月　一日　米進駐軍登戸研究所機材接収来ル

このなかに出てくる「登戸研究所大槻少佐」とは、第一科におけるA型気球の研究主任であった大槻俊郎少佐のことである。

さらに、アメリカの進駐軍（GHQ）が十月五日に、すでに来校していることも注目すべきことである。GHQは最初から登戸研究所に目を付けていた。特に、風船爆弾を開発した第一科は、細菌兵器との関係でアメリカが最も調査に重点をおいたうちのひとつであったため、このような早い時期に調査に来たのであろう。

北安分室は兵器行政本部の資料でも明らかなように、主に電波関係の研究部門が疎開していた。疎開して来た時期が四五年四月か五月ころというのは、陸軍の決戦兵器であった風船爆弾の「ふ号」作戦が四月に終了しているので、その後、風船爆弾の責任者であった草場少将が引き続き超短波などの研究をするために、北安曇地方に疎開して来たためであろう。寺尾も長野県に疎開してくる前は第一科に所属し、風船爆弾

の研究を行っていた。

寺尾によれば、各研究班の主な研究内容は、次のようなものであった。

・草場少将の研究班は、上空を飛んでいる飛行機を撃墜するための電波誘導ロケット砲の研究・開発。

・松川研究班は、強力超短波の電波発信装置およびこの電波を飛行機に照射するための装置の研究・開発。

・会染研究班は、ロケット砲の研究・開発。

・池田研究班は、ロケット砲の弾丸に電波受信装置を組み込み、ロケット弾を電波に乗せ、的確に飛行機に命中させて撃墜するための超短波受信誘導装置の研究・開発。

研究内容を見ればわかるとおり、北安曇地方での研究はロケット砲や超短波を利用した電波兵器である。電波兵器の研究や実験には当然のことながら、豊富な電力が必要になる。しかし幸いなことに、北安曇地方は大町などの山岳地帯で昔から水力発電が行われており、電力の補給ということに関しては比較的恵まれた立地条件であった

写真9－2　第1科の建物の礎石

といえる。

その他、松川村の神戸原地区に、かねてから第一科で開発していた「く号」をさらに強力なものにして、飛行機のエンジンを停止させようという構想の実験を行うために、直径一〇メートル位のパラボラアンテナが建設されていた事実も明らかになった。このアンテナは建設途中に敗戦となったため、木崎湖に捨てられたということである。

パラボラアンテナが建設されたという場所には、パラボラアンテナの礎石が残っていたが、現在は研究所の建物の礎石の一部が残っているのみである。

登戸研究所第一科の疎開先での研究は、兵器行政本部の資料によれば、「超短波の強力発振集勢及びその効果に関する基礎的な研究」となっており、そのなかのひとつに第一科が以前から研究していた「く号」と呼ばれる秘密兵器の研究があった。一般には「殺人光線」と言われていたもので、超短波が生物に対してどのような効果を及ぼすかという研究である。

第二章でも述べたように、この研究は「マグネトロン」と呼ばれる磁電管を使い、そこから強力な超短波を出し、一〇メートル位離れたところの実験動物に照射し、その衝撃波により対象物を損傷させるというものである。

これをさらに強力なものにして、飛行機や人間に対してどのような効果があるだろうかとはじめられたのが、北安曇郡松川村の神戸原地区に建設された実験設備である。

もともと「殺人光線」は、大正の終わりごろイギリスの科学者グリンデル・マシウスによって考えられた兵器であるが、彼自身も現実に殺人光線を発明したわけではないし、ほとんどの科学者は実現が不可能な兵器であると思っていた。

しかし、遠距離から人を殺傷できたり、飛行機のエンジンを停止させることができる、というようなことがまことしやかに囁かれたため、各国でその後も殺人光線の研究が行われたのである。

日本で最初に殺人光線の研究をしているのではないかと言われたのが、八木アンテナの発明で有名な八木秀次博士である。東北大学において、当時ほとんど研究する者がいなかった超短波の研究をしていた八木博士が、殺人光線の研究をしているのではないかと疑われたのである。そのため八木博士は、一九二五（大正十四）年、京都で開催された日本学術協会の大会で、「所謂殺人光線に就いて」と題して、殺人光線の研究を否定する講演を行い、殺人光線という名称の代わりに「怪力線」という名称をはじめて使用した。

しかし、皮肉なことに八木博士が殺人光線の研究を否定するこの講演ではじめて使用した怪力線の読み仮名である「くわいりきせん（旧仮名使い）」の頭文字が、その後の登戸研究所における殺人光線の研究の秘匿名である「く号」に使用されることになるのである。

多くの科学者が実現不可能と思っていた殺人光線が、登戸研究所で「く号」という名称で実際に研究されるようになったのは、一九三三年に科学研究所の第一部長であった多田礼吉少将（後の技術院総裁）が電気・物理関係の学者約二十名を招き、殺人光線についての意見を聴取する会議を開催したことによる。

一九三六年、科学研究所の所長に就任した多田中将（三六年三月中将に昇進）は、のである。

「く号」の研究に着手し、その開発と実験を川崎の登戸に移転したばかりの登戸研究所（当時の名称は「登戸実験場」、その後「登戸出張所」）の第一科で行うことにしたのである。

当初、登戸研究所で「く号」の研究を担当したのは、班長の甲木季資少佐、山田應蔵大尉、曽根有技師、笹田助三郎技師らである。殺人光線は登戸研究所での実験で、実際に人を殺傷することは不可能であることが確かめられたため、その後、他の電波兵器の研究に移行していく。

北沢隆次は電波兵器の研究について次のように語っている。

殺人光線の関係は、登戸〔研究所〕から多摩研〔多摩陸軍技術研究所〕へ行ってね、多摩研から疎開したんですよ。殺人光線とは仮の名前で、多少は研究していたでしょうけど、弾道規制を主にやっていたんです。弾道規制というのは、敵の弾道を追尾するのではなく、味方の撃った弾を誘導するんですね。非常に方向がしっかりしている電波を発射して、弾がその電波からはずれると、弾のなかに仕組まれている操舵装置が働いて、弾を電波の出ている方向に誘導するんです。

北沢が言う弾道規制とは、池田研究班が研究していた極超短波受信誘導装置のことである。さらに実用には至らなかったものの、当時、赤外線による追尾も考えられていたことが明らかになった。これらの研究には、当時の住友通信（現：日本電気）が民間研究機関として協力していたということである。

そして、登戸研究所における超短波の研究の最終的な目標は、飛行機の操縦を妨害するための強力電波の研究に変更されたのである。

その原理は、「飛行機のエンジンの点火装置のマグネットに強力電波を照射すれば、マグネットの電気回路に誘導電圧が生じ、それがマグネットの起電力に影響してエンジンが不調になるはずのもの」であった。

強力電波を照射するためには、強力な出力の発振器を作らなければならない。そのための発振器が、松川村の神戸原地区に建設されていた変電施設と、当時としてはわが国最大級のパラボラアンテナである。

強力電波の実験は海軍においても行われており、静岡県の島田市に敷地七万坪、建物二〇〇〇坪の施設が建設されていた。この研究は、「勢号」または「Z研究」と呼ばれ、海軍技術研究所島田分室（四五年二月、第二海軍技術廠電波第一科島田実験場に昇格）が担当した。

2　池田地区（旧池田町・会染村）

池田町の池田研究班の研究は、ロケット砲の弾丸に電波受信装置を組み込み、ロケット弾を電波に乗せ、飛行機に命中させて撃墜するための超短波受信誘導装置の研究・開発である。

一方、会染研究班の研究は、ロケット砲の研究・開発が中心であった。登戸研究所の所員が最初に会染国民学校に来たのは、『学校日誌』によれば昭和二十年の四月二十八日「陸軍登戸研究所新設ニ当リ宿直室小使室貸与」というのが最初の記述である。

会染国民学校の『学校日誌』に書かれていた登戸研究所関係の記載は、次のとおりである

昭和二十年

四月二八日　陸軍登戸研究所新設ニ当リ宿直室小使室貸与
五月二二日　登戸研究所員打合セノ為応接室使用

昭和二十年の『学校日誌』に書かれていた登戸研究所関係の記載は、この二日だけである。昭和二十一年には登戸研究所の処分に関する内容が書かれている。昭和二十一年の『学校日誌』に書かれていた内容は次のとおりである。

昭和二十一年
六月二〇日　教頭進駐軍本部へ（上諏訪）研究所焼却埋没ニ関スル件
七月　二日　校庭研究所ニテ埋没自動車二台（合計四台）掘リ出シ作業行ワル
七月　三日　校庭研究所埋没品掘リ出シ作業行ワル
七月　四日　研究所焼却埋没物資掘リ出シ
七月一九日　県警察部長、研究所埋没品検閲ニ来校
七月二七日　県保安課員、三名来校登戸研究所関係ニツキ調査来校
九月一七日　研究所埋没品掘リ出シ跡ノ穴、埋立テ通知アリ
一〇月二一日　研究所埋没自動車取リ片付ケ

昭和二十一年の『学校日誌』における登戸研究所の記述は、ほとんどが校庭に埋められた自動車や器材の掘り起こしのものである。埋められた自動車は旋盤等の機械類を搭載した工作車で、戦後すぐに地元住民を動員し、校庭に大きな穴を掘り埋めたものである。

その後、寺尾は『会染小学校百二十五周年記念誌』を作成する際、編集委員の藤本正二の聞き取りに対して、次のような証言をしている。

私自身、登戸研究所に勤めていて、松川村に疎開してきた。松川小学校が本部であった。ここでは極超短波の研究をし、会染の方ではロケット砲の研究をしていた。普通の高射砲では間に合わない、無線操縦でロケットを誘導し、極超電波で相手を打ち落とすという課題のもとに、それぞれ北安曇郡内の四カ所に分かれて研究をしていた。それぞれの研究が完成した段階で、一カ所に持ち寄って組み立てて実戦に使うつもりであった。

会染の研究所は誘導ロケットの研究を主としている。細菌兵器は会染では作っていなかった。トラックで製作機械・工作車を運び入れた。登戸という名を使ったのは軍の極秘研究所であったためである。

松川では体育館、校舎等を使って超短波、パラボラアンテナを作るということではじめ、完成しないうちに終戦になった。研究者には若い独身者もいて下宿していた。会染には少佐がいた。

登戸研究所本部に自分はいて風船爆弾の研究をし、昭和十九年十一月に千葉県の三カ所で風船爆弾を飛ばした。

登戸研究所の疎開先は駒ヶ根と北安、北安は松川に本部が置かれた。終戦後は、松川だけ色々な物を残し、池田、会染の物は全部埋めたようだ。埋めたときは地元の人が駆り出され、校庭に穴を掘った。

戦後しばらくして進駐軍が来て掘り起こし、持ち去ったようだ。掘り起こした折、ロケット砲（太さ一五〜二〇センチ、長さ二メートル余り）が三門出た。

これらの内容は『学校日誌』の記述と同様である。しかし、このときの少佐が誰であるか不明である。

松川国民学校に進駐軍（ＧＨＱ）が昭和二十年十月五日に来校していることも注目

すべきことである。これは登戸研究所の疎開先のなかで最も早い日付である。GHQは占領当初から登戸研究所に目をつけていた。とくに風船爆弾を開発した第一科は、細菌兵器との関係でアメリカが最も調査に重点をおいたうちのひとつである。アメリカは科学技術関係の調査をするために、科学分野の専門家で構成されたモーランド調査団を九月に日本へ派遣している。

登戸研究所の関係者でモーランド調査団の面接を受けたのは所長の篠田鐐中将と第一科の科長である草場季喜少将である。この面接が十月三日に東京のGHQの本部があった第一生命ビルで行われているので、松川国民学校における十月五日の進駐軍の来校はこのときの面接の結果を受けてのものであると思われる。

なお、資料として筆者がまとめた陸軍技術研究所関係の敗戦時の動向を以下にあげておく。

表9-1 敗戦時の動向

	第1陸軍技術研究所
任務	白兵、銃器、火砲、弾薬及び輓駄馬具等ノ調査、研究、考案、設計、試験並ニ射表編纂
所在地	東京都北多摩郡小金井町
編成	総務科 　企画、庶務、人事、経理 第1科 　白兵、銃器、機関砲、実包 第2科 　各種火砲 第4科 　弾薬、火薬、火具 第5科 　射表ノ編纂及砲内外弾道 伊良湖試験場 浜松試験場 富津試験場
人員	863名
施設	大久保地区ヨリ移転後日尚浅ク小金井地区ニハ特殊ノ施設ヲ有セズ。
備考	

第2陸軍技術研究所	
観測、情報、測量及指揮連絡用ノ兵器、気球、空観機、銃砲用照準鏡及計器、算定具、水測兵器ノ調査、研究、考案、設計、試験	任務
東京都北多摩郡小平町	所在地
総務科 企画、庶務、人事、経理、製図作業 第2科 対空射撃指揮具、水測兵器 第3科 気球、空観機	編成
362名	人員
大久保地区ヨリ移転後日尚浅ク小金井地区ニハ特殊ノ施設ヲ有セズ。	施設
豊橋市ニ空観機研究ノタメノ飛行場アリ。	備考

第3陸軍技術研究所	
器材、爆破用火薬火具ノ調査、研究、考案、設計、試験	任務
東京都北多摩郡小金井町	所在地
総務科 　企画、庶務、人事、経理 第1科 　電力、照明器具 第2科 　近接戦闘器材、爆破用火薬火具、作井給水器材 第3科 　渡河、鉄道器材 波崎試験場 　主トシテ渡河、爆破試験	編成
490名	人員
国分寺地区ニ事務室及若干ノ研究試験室ヲ有スルモ未ダ本格的ニ業務ヲ実施シ得ル程度ニ完備スルニ至ラズ。	施設
	備考

第4陸軍技術研究所	
戦車、装甲車、牽引車及自動車等車輌類並ニ自動車用燃料及脂油ノ調査、研究、考案、設計、試験	任務
神奈川県高座郡相模原町	所在地
総務科 企画、庶務、人事、経理 第1科 車輌用発動機 第2科 戦車、装甲車 第3科 牽引車 第4科 自動車 第5科 自動車用燃料及脂油	編成
558名	人員
昭和18年大久保地区ヨリ移転、相模造兵廠ノ既諸施設ヲ利用スルトトモニ建設ノ途上ニアッタ。	施設
	備考

第5陸軍技術研究所	
通信兵器ノ調査、研究、考案、設計、試験	任務
東京都北多摩郡小平町	所在地
総務科 企画、庶務、人事、経理 第1科 有線通信器材、防空通信器材 第2科 無線通信器材 第3科 特殊通信器材 第4科 通信機用部品及材料ニ関スル研究 泊試験場 主トシテ無線試験 平方試験場 主トシテ無線試験	編成
465名	人員
国分寺ニ昭和17年5月移転。	施設
	備考

第6陸軍技術研究所	
化学兵器ノ調査及研究、化学戦ニ関連スル医学的、獣医学的調査及研究	任務
東京都淀橋区百人町	所在地
総務科 企画、庶務、人事、経理 第1科 瓦斯検知及毒物ノ合成研究 第2科 防護ノ研究 第3科 治療衛生ノ研究 高岡出張所 化兵剤ノ研究	編成
715名	人員
化学一般ノ基礎研究ニ必要ナル設備、施設ヲ若干有セシモ、昭和20年4月13日、5月25日再度ノ空襲ニヨリ並ニ地方疎開ノタメノ輸送中、空襲ニヨリ其ノ大部ヲ焼失セリ。	施設
	備考

第7陸軍技術研究所	
兵器物理的基礎技術ノ調査及研究、物理的兵器ノ考案ノタメノ基礎研究、兵器ニ関スル科学的諸作用ノ生理学的調査及研究	任務
東京都淀橋区百人町	所在地
総務科 企画、庶務、人事、経理 第1科 火薬ノ基礎研究 第2科 化学及光電学的基礎研究 第3科 音響学的基礎研究 第4科 電気学及機械学的基礎研究 第5科 人体生理学的基礎研究 伊東試験場 観音崎試験場 国分寺試験場 金沢射場	編成
595名	人員
大部分ハ大久保ニ位置ス。大小40ノ建物アリシモ、昭和20年4月13日及5月25日ノ戦災ニヨリ建物9棟ヲ残シ焼失。金沢地区及松本地区ニ分室ヲ設置スル如ク予定シ、残存器材ヲ移転セントシタルモ実施スルニ至ラズ。	施設
	備考

第8陸軍技術研究所	
兵器器材ニ関スル調査研究、考案及試験並ニ化学工芸材料ノ研究、兵器材料ノ規格及保存ノ基礎ニ関スル研究	任務
東京都北多摩郡小金井町	所在地
総務科 　企画、庶務、人事、経理 第1科 　金属材料ノ基礎 第2科 　非金属材料ノ基礎 第3科 　工業化学材料 第4科 　農芸化学材料	編成
436名	人員
金属、非金属トモ一般ノ基礎的研究ヨウ施設ヲ有スルノミニシテ、特異ノ施設ナシ。	施設
	備考

第9陸軍技術研究所（陸軍登戸研究所）	
超短波ノ基礎研究並ニ挺進部隊用資材、宣伝資材、憲兵資材ノ研究及其ノ製造	任務
本　　部　長野県上伊那郡宮田村 北安分室　長野県北安曇郡松川村 中沢分室　長野県上伊那郡中沢村 小川分室　兵庫県氷上郡小川村 登戸分室　川崎市生田	所在地
本　　部　企画、庶務、人事、経理、医務、福利 北安分室　強力超短波ノ基礎 中沢分室　挺進部隊用爆破焼夷及行動資材 小川分室　宣伝資材、憲兵資材並ニ簡易通信器材ノ研究及製造 登戸分室　資材ノ収集、上級官衙其ノ他トノ連絡及疎開後ノ残務整理	編成
861名	人員
空襲ニ対スル疎開トシテ前記各地ニ移転セリ。各地区ハ何レモ民間施設ヲ一時借上タルモノニシテ各戸ニ分散スル。 従来ノ駐屯地タル登戸ハ、疎開後ノ残置土地建物アルモ、其ノ半部ハ兵器行政本部ニ移管シ、同部技術部並ニ調査部疎開シアリ。	施設
	備考

陸軍兵器行政本部余丁町分室	
熱幅射線ヲ利用スル下記兵器ノ調査、研究、考案、設計、試験 記 艦船捜索機及夜間索敵具 自動突撃艇 自動滑空機	任務
長野県諏訪郡富士見町	所在地
総務科 企画、庶務、人事、経理、資材 総合科 自動滑空機Ⅰ型ノ研究 第1科 自動滑空機Ⅱ、Ⅲ型ノ研究 第2科 自動滑空機頭部装置及電源ノ研究 第3科 艦船捜索機及夜間索敵具ノ研究、熱戦ニ関スル基礎的研究及感度測定 運用科（静岡県浜名郡） 運用、整備、教育 総務科別班 熱線ニ関スル基礎的理論的研究 東京出張所（東京都牛込区） 東京ニ於ケル連絡	編成
476名	人員
主トシテ民間ニ研究ヲ委託セルモノニシテ大規模ノ施設ヲ有セズ。而モ有セシ施設ノ大半ハ昭和20年5月25日ノ東京爆撃ニヨリ焼失シ、爾後復旧スルニ至ラズ。又浜松ノ試験場（運用科）モ浜松ノ爆撃ニヨリ焼失シ、未ダ復旧スルニ至ラズ。極メテ応急的ナ方法ニヨリ試験ヲ続行セル実情ナリ。	施設
研究上ハ第2陸軍技術研究所ノ第1科ノ地位ニアリ。又其ノ他ノ事務上ハ陸軍兵器行政本部ノ第1科ニ相当スル地位ニアリ。	備考

第十章　諏訪地区における軍事施設と陸軍登戸研究所

すでに述べたように大都市への空襲がはじまると軍の機関ならびに軍需工場の地方への分散疎開が行われた。長野県はそれらの機関の主要な疎開先であったが、なかでも諏訪市や岡谷市といった諏訪湖周辺は最も多くの軍関係の機関が疎開して来たところである。

「東京陸軍兵器補給廠岡谷出張所」として、兵器補給廠が岡谷市の諏訪倉庫に疎開したのは一九四三（昭和十八）年四月である。主として通信機材を扱い、全国の製造工場から納入されるものを保管して戦地に発送するためであった。

『諏訪倉庫七十五年史』では、軍の機関に倉庫を接収された状況について次のように記されている。

本　店

・昭和一八年四月　間下倉庫の生倉一〇棟四〇三二坪を陸軍兵器補給廠に接収される。軍が駐留管理。

・塚間倉庫の干繭倉を一八年一一月一三棟、一九年二月二棟、延べ二七〇〇坪が陸軍兵器補給廠に接収される。

・塚間倉庫三棟を陸軍糧秣廠が接収、本店所管倉庫面積の約半分が軍関係に接収される。

上田支店

・昭和一七年　上田化工会社の防毒面など入庫。

・昭和一八年　陸軍被服本廠に倉庫一棟を貸与。

野沢支店

・昭和一八年　倉庫二棟六九八坪を陸軍被服本廠に貸与。

深谷支店

・昭和一九年二月　東京第二陸軍造兵廠に全施設接収される。

　敷地面積　　　五八七〇坪

　倉庫面積三棟延べ　　七八〇坪

同書によれば、岡谷市の間下倉庫が陸軍兵器補給廠に接収されたのが一九四三年四月、塚間倉庫が四三年十一月となっている。その後、塚間倉庫には陸軍糧秣廠も疎開していることがわかる。間下倉庫を陸軍兵器補給廠に貸与したときの役員会の議決が同書に載られている。その内容は次のとおりである。

一、間下倉庫ニ関スル件
イ、陸軍兵器補給廠ニ於テ間下倉庫生繭倉庫所在ノ一区画ヲ同廠専用トシテ、賃貸借料倉庫延坪当リ一ヶ月二円、其ノ他付属建物適当額ヲ以テ借入レ申入アルニ依リ右貸与ノコト
ロ、残部乾繭倉庫ハ現在政府生糸保管中ナルニ付、倉帳場其他ハ社宅ヲ適宜改造シテ使用シ、営業上差支ヘナカラシメテ経営スルモ、将来同廠ノ希望アル場合ハ政府生糸ノ移転ヲナシ間下倉庫全部ノ貸与ヲナスモ可ナルコト
ハ、右ノ為生繭倉庫区画内所在ノ味噌倉庫（岡谷産業ニ貸与ノモノ）ノ諸設備ハ塚間倉庫一・二号乾燥場ヲ改造、コレニ移転シ岡谷産業ニ引続キ貸与スルコト

さらに、同書には軍関係の作業として、塚間倉庫において「㋫作業一九、一一、二四～二〇、二、二〇」という記述がある。この「㋫作業」というのは、登戸研究所第一科が中心となって進めていた「ふ号」作戦のための作業で、風船爆弾の製造作業のことである。同書には、このときの様子が詳しく述べられている。

昭和十九年一〇月、陸軍兵器行政本部から突然風船爆弾用紙張り制作命令が下った。この制作は軍の機密保持上㋫作業と称し、東京中外火工品株式会社が受注したものであるが、制作工程に乾燥を必要とする作業があったため当社に下命されたものである。……〔中略〕

㋫作業は気球すなわち風船の「ふ」であって、風船を作る和紙の松崎紙を蒟蒻糊にて一定の規格に張り合わせる作業であった。作業は塚間において行なったが、張り板そのほか器具を緊急調達し、一九年一一月七日から作業に着手した。急を要することに加えすべて手作業であることにより、多数の作業員が必要であったため、岡谷市の女子挺身隊五〇名と、南佐久の県立野沢高等女学校三年生一五九名を、学徒勤労報国隊として受け入れ作業を開始した。……〔中略〕

更に二〇年二月三日から間下倉庫の乾燥野菜を休止して㋫作業に切り替え二交替制で行うというあわただしさであった。学徒の二交替制は、ＡＭ七時～ＰＭ二時と、ＰＭ二時～ＰＭ九時、女子挺身隊はＡＭ一一時～ＰＭ一一時であったが作業員は男女合わせて、三二〇人の大規模であった。学徒は年末二九日まで作業し、三〇日に一旦帰郷、僅か三日間の休暇をしただけで、正月三日には職場に復帰して従事した。しかし、二〇年二月二〇日には㋫全作業に休止命令が下った。

風船爆弾の攻撃命令が参謀本部から出されたのが一九四四年十月二十五日である。諏訪倉庫に兵器行政本部から風船爆弾の製作命令が下ったのも同月であることから、かなり早い時期に命令が下ったことがわかる。

また、四四年十一月七日から作業に着手したとあるが、軍関係の作業の記録では十一月二十四日からとなっており、開始時期に若干の違いがある。これは野沢高等女学校の生徒が勤労報国隊として入所したのが十一月二十二日（昭和二十年二月二十二日付の野沢高等女学校学徒勤労報国隊に対する感謝状の記述より）なので、本格的な作業が開始されたのが十一月二十四日からであったと思える。

作業時間についても、いかに風船爆弾が決戦兵器とはいえ、ほとんど休みなしに、高等女学校の生徒が一日七時間、女手挺身隊が一日十二時間のハードな作業をしていた様子がわかる。

風船爆弾の放球が中止されたのは四五年四月であるが、それよりも早い二月に製造中止命令が下っている。もともと「ふ号」作戦は四五年三月までという計画であったので、それを見越しての中止命令であったのであろう。

風船爆弾についていえば、旧長地村（現：岡谷市）の長地国民学校（現：岡谷市立長地小学校）でも高等科二年の女子生徒が風船爆弾の製造に動員されている。『長地学校百年史』によれば、御子柴製袋合名会社で風船爆弾の貼り合わせ作業のため、高等科二年の女子生徒三十二名が動員されている。その命令が学校に届いたのが四四年の十一月二九日、動員期間は十二月十九日から翌四五年の三月二十五日までが予定されていた。

御子柴製袋の第一工場が風船爆弾製造の諏訪地区における本部となっており、気球の球皮を製造する製紙工場は、諏訪地区では次の四工場があった。

第一工場　御子柴製袋合名会社
第二工場　鮎沢の経営する豆腐工場（現在の湖畔病院裏）
第三工場　下諏訪町中村の経営する工場
第四工場　茅野市の上条醤油工場

風船爆弾関係では、その他に金沢村（現：茅野市）の疎開工場である英弘精機に金沢国民学校高等科の二年生が、四四年十一月から動員されている。英弘精機では風船に取り付ける電波探知機を製造していた。

この電波探知機がレーダーの部品であるかどうか不明であるが、巻末の参考資料の年表でも明らかなように、四四年の秋に風船爆弾用ラジオゾンデの比較実験が上諏訪で行われていることと、風船に取り付けるものであることから、ラジオゾンデの部品であった可能性のほうが高いと思われる。実際、電波探知機は風船爆弾には取り付けられていないからである。

風船爆弾用のラジオゾンデは、登戸研究所第一科の高野泰秋技術少佐が開発したもので、高層圏のデータの収集には中央気象台の荒川秀俊技師らが協力している。そして、風船爆弾に関係した荒川技師をはじめ、登戸研究所の顧問であった中央気象台長の藤原咲平博士、東大の天文学教室などが諏訪地方に疎開して来るのである。諏訪地方を疎開先とした理由のひとつは藤原博士が諏訪の出身であったためであると思われる。

このような状況から、風船爆弾作戦が実行される直前に、ラジオゾンデの比較実験が上諏訪で行われたのであろう。

『長地学校百年史』には東大の理学部（物理学教室、数学教室、天文学教室）が疎開して来たことも延べられている。そのなかで次のように記されている部分がある。

理学部主任の田中努教授は、ジェットエンジン、ロケットエンジンの構造やロケットの弾道について、数回にわたって本校を会場に講演……

この部分の記述は、疎開先で専門のロケットについての講演をしただけと考えられるが、北安曇地方に疎開した登戸研究所第一科の研究がロケットの弾道の研究であり、松本でもジェットエンジンを搭載した「秋水」の実験がされていたことを考えると、長地国民学校への疎開が偶然なものではなく、これらの軍事目的のために、近いところに疎開したのではないかと思われる。

また、登戸研究所と協力関係にあった日本無線が諏訪市湖南に、住友通信（現：日本電気）が下諏訪に、東芝が岡谷市川岸に疎開していることも考えれば、単に関係者がいたから疎開したというよりは、ある目的のために軍の機関・軍需工場・大学などの研究機関の疎開先が決定されたのであろう。ある目的とは、本土決戦に備えるためと大本営を守るためである。

電波兵器を例にとると、その実態が明らかになる。

なお、〈皇国第二五〇二号〉とは日本無線諏訪工場に付けられた秘匿番号で、七三一部隊と同様に防諜のためである。

その他、当時の岡谷工業学校（現：岡谷工業高校）には、秘匿名「風第二九六六二部隊」と称する大学教授を中心とする技術将校の部隊が疎開していて、主に航空機エンジンの研究を行っていたようであるが、この部隊の実態については不明である。

このように、諏訪・岡谷地方には多くの軍事機関と軍需工場が疎開していることがわかるが、なかでも軍事機関と研究機関は疎開先を学校施設に求めているところが多い。諏訪教育会発行の『諏訪教育会百年の歩み』には五月二十一日付の校舎貸与状況が記されている。その資料をもとに作成したのが表10－1である。

主な疎開機関は、軍関係では電波兵器の研究所である多摩陸軍技術研究所、陸軍の技術を統轄していた陸軍兵器行政本部、航空兵器のエンジンの研究をしていた陸軍第二航空技術研究所、それに参謀本部の数学研究室である。大学関係では東大、日大、名古屋大などの理工学系の教室が多い。その他、中央気象台の主な部署が疎開してきている。

中央気象台が諏訪地区に疎開した理由のひとつに、登戸研究所の第一科が研究をしていた風船爆弾（「ふ号」）作戦の顧問でもあった当時の中央気象台長藤原咲平博士の出身地が諏訪であったことが考えられる。また、岡谷高等女学校（現：岡谷東高校）に疎開した調査部の部長は同じく風船爆弾作戦に関わっていた荒川秀俊技師である。

元陸軍技術少佐の山本洋一は『日本製原爆の真相』のなかで、「昭和二十年の三月ごろには、アメリカ軍の相模湾よりの進攻を想定し、富士山の東側から山梨県にみち

表10－1　諏訪・岡谷地方における主な疎開先の学校と疎開機関（1945年5月21日現在）

疎開先の学校	現在の学校名	疎開機関
諏訪中学校	諏訪清陵高等学校	多摩陸軍技術研究所〔第4科〕
諏訪高等女学校	諏訪二葉高等学校	中央気象台研究部
岡谷高等女学校	岡谷東高等学校	中央気象台調査部
諏訪農学校	富士見高等学校	陸軍兵器行政本部余丁町分室
岡谷中学校	岡谷南高等学校	多摩陸軍技術研究所・日本大学医学部
岡谷工業学校	岡谷工業高等学校	陸軍第二航空研究所
川岸国民学校	岡谷市立川岸小学校	日本大学工学部（電気）
中央国民学校	岡谷市立神明小学校 岡谷市立岡谷小学校	日本大学医学部
長地国民学校	岡谷市立長地小学校	東京帝国大学理学部（物理・天文・数学教室）
四賀国民学校	諏訪市立四賀小学校	東京帝国大学医学部（坂本教室）
豊田国民学校	諏訪市立豊田小学校	中央気象台（海洋研究室・化学研究室）
高島国民学校	諏訪市立高島小学校	東京帝国大学天文学教室・中央気象台
永明国民学校	茅野市立永明小学校	東京帝国大学造兵学教室
玉川国民学校	茅野市立玉川小学校	東京帝国大学地理学教室
金沢国民学校	茅野市立金沢小学校	陸軍兵器行政本部余丁町分室・豊田理化学研究所
宮川国民学校	茅野市立宮川小学校	東京帝国大学航空研究所・参謀本部数学研究室
原国民学校	原村立原小学校	陸軍兵器行政本部余丁町分室
本郷国民学校	富士見町立本郷小学校	陸軍兵器行政本部余丁町分室
境国民学校	富士見町立境小学校	陸軍兵器行政本部余丁町分室
落合国民学校	富士見町立落合小学校	佐々木教授航空研究所
富士見国民学校	富士見町立富士見小学校	名古屋帝国大学物理学教室

びき入れて、甲府盆地で戦い、韮崎の台地で決戦し、破れれば小淵沢から富士見の線で死守し、長野県で自給作戦をするとの計画を私どもは聞かされていたのである」と述べている。

大本営は四五年一月二十日に本土決戦のための基本方針である「帝国陸海軍作戦計画大綱」を、二月二十六日には「本土決戦完遂基本要綱」を策定した。この基本要綱に従い、四月八日には本土決戦の作戦の基本方針となる「決号作戦準備要綱」を策定している。

「決号作戦」とは本土防衛作戦のための作戦名であるが、このうちアメリカ軍の関東上陸作戦（コロネット作戦）を予想し決定された作戦が「決三号作戦」である。

山本の述べている「アメリカ軍の相模湾よりの進攻を想定し、……破れれば小淵沢から富士見の線で死守し、長野県で自給作戦をするとの計画」とは「決三号作戦」のことを指しているものと思われる。山本の証言からも、余丁町分室が疎開していた富士見周辺が本土決戦の死守ラインであり、長野県が最後の決戦場となることが大本営により計画されていたことがわかる。

これらの地区以外で登戸研究所との関係で長野県に疎開した会社がある。大日本時計株式会社、現在のシチズンの前身の会社である。シチズンの『社史』には、風船爆弾に使用するための時計信管を製造していた時計部門が長野県の伊賀良村（現：飯田市伊賀良）と市田村（現：下伊那郡高森町）に疎開したことが述べられている。これらの疎開に便宜をはかったのが登戸研究所である。「時計部門疎開ノ件」と題する昭和二十年五月十五日付の文書によれば、両村の国民学校を借り上げ、そこに工場を疎開している。以下はその内谷である。

時計部門疎開ノ件

時計類似ノ兵器生産確保ノタメ之ガ施設疎開ニ関シ予テヨリ東一造登戸研究所及軍需省計器光学課ノ指示ニ基キ長野県下ノ伊賀良及市田国民学校校舎借用ノ上　時計部門ヲ疎開可致交渉中ノ処今回確定シタルヲ以テ目下諸般ヲ実行中ナリ（第五九回定例取締役会議事録より）

文書中の東一造とは東京陸軍第一造兵廠のことで、同社は当時、第一造兵廠の監理工場に指定されていた。両工場のうち、登戸研究所関係の部品を製造していたのが市田村にあった天竜工場である。しかし、同社が疎開した五月には風船爆弾作戦は中止されていたはずで、そのため風船爆弾関係の時計信管の製造は行われなかったのではないかと思われる。もし疎開後も時計信管を製造していたとするならば、上伊那地方の登戸研究所で製造されていた缶詰爆弾に使用するための時計信管ではなかったかと思われる。あるいは疎開しただけで、製造を開始する前に敗戦となったとも考えられる。

大日本時計株式会社が登戸研究所の指示により長野県に疎開して来たことが議事録の文書によって確認されたことは、単に同社だけのことではなく、長野県に疎開して来た多くの軍需工場も、軍の指示などにより長野県に疎開してきた可能性があることを示しているのではないだろうか。

このように見てみると、長野県に疎開した軍関係の施設、軍需工場、研究所などの疎開が大本営を守るため、言い換えれば国体護持のために、長野県を疎開先に選んだのではないかと思われる。本土決戦の最後の砦として軍（政府）は信州（神州）を選んだのである

第十一章　陸軍登戸研究所とＧＨＱ

「陸軍省軍事課特殊研究処理要領」と標題の付いた陸軍の公文書がある。この文書は陸軍省軍事課が敗戦と同時に関係機関に発した通達である。

内容は、「敵ニ証拠ヲ得ラル、事ヲ不利トスル特殊研究ハ全テ証拠ヲ隠滅スル如ク至急処置ス」という方針のもとに、処分すべき特殊研究が五項目にわたり取り上げられている。

この通達の最初に出てくる文が、「ふ号及登戸関係ハ兵本草刈中佐ニ要旨ヲ伝達直ニ処置ス」というもので、登戸研究所への証拠隠滅の伝達時刻は八月十五日の午前八時三十分となっている。

その後、七三一部隊および一〇〇部隊関係、糧秣本廠関係、医事関係、獣医関係と続き、最後の獣医関係機関に伝達された時刻は午前十時である。

この通達により、陸軍では登戸研究所関係の証拠隠滅が最重要であったことがわかる。

戦後、ＧＨＱは軍事科学技術の専門家を派遣し、七三一部隊関係者と同様、登戸研究所関係者からも技術情報を徹底的に調査した。この調査を担当したのが、ＣＩＣ（対敵諜報部隊）とモーランド調査団である。

進駐軍が日本本土進駐を開始したのは八月二十八日である。三十日にはダグラス・

マッカーサーが厚木基地に到着、ただちに横浜にアメリカ太平洋陸軍総司令部（AFPCA）を設置した。その後、AFPCAは九月十七日、東京の第一生命ビルに移転している。

さらに、十月二日には連合国最高司令官総司令部（SCAP）が設置されたため、マッカーサーはこの時点でAFPCAとSCAPの両方の司令官を兼任することになる。なお、一般にGHQといわれているのはSCAPのことである。

GHQのなかで情報・検閲などを担当していたのが「GⅡ」と呼ばれていた参謀第二部である。

米軍の情報や諜報を担当する参謀第二部（GⅡ）には、主要部隊として民間諜報局（CIS）が設置されている。CISは四五年十月二日にGHQ（SCAP）の発足と共に設置された。発足当初の任務は、日本の治安機関に関する施策について、最高司令官に助言することと日本政府への指令が指示通りに守られているかを調査することで、その下に民間検閲部隊（CCD）、公安課（PSD）、対敵諜報部隊（CIC）、第四四一対敵諜報支隊（第四四一CIC支隊）が置かれた。

CICは、日本の警察の協力を得て、占領阻害行為を取り締まり、保安上必要な情報を収集した。登戸研究所の関係者もCICの第四四一支隊の調査に応じている。

第四四一ＣＩＣ支隊は、四四年八月十七日にフィリピンで編成され、日本占領のための諜報訓練を受けていた。日本に最初に進駐したのは第八軍に所属していた第三〇八ＣＩＣ支隊で、横浜のホテルニューグランドに第八軍の参謀第二部と共に置かれ、日本全域にわたり最初の対敵諜報部隊（ＣＩＣ）の移動と設営を統括していた。その後、日本における対敵諜報活動は第四四一ＣＩＣ支隊の組織が整うにつれ、第四四一ＣＩＣ支隊に引き継がれることになる。

第四四一ＣＩＣ支隊の任務は、『占領軍対敵諜報活動―第四四一対敵諜報支隊調書―』によれば、「反逆、暴動、破壊活動およびスパイ活動」等の情報収集で、主に日系二世が対敵諜報任務に当たった。四五年八月の時点で、第四四一ＣＩＣ支隊の人員は将校一九六名、隊員八七四名という構成であった。組織は最初は、管理、計画及び訓練、作戦の三部門であったが、四六年十一月には作戦部門に特務局が設置された。

日本に進駐した対敵諜報支隊は『支隊調書』では、「一九四五（昭和二十）年の終わり頃には、第六軍の対敵諜報活動を引き受けるかたちで、本州の南半分と四国・九州を管轄下に置く第一管区（司令部：京都）と、第八軍の対敵諜報活動範囲である本州の北半分と北海道からなる第二管区（司令部：仙台）が設けられ、その下に地区及び首都地区の対敵諜報部隊による情報網が形成された」と述べている。

この諜報を統括する参謀第二部（GⅡ）および第四四一CIC支隊司令部は、大手町にあった旧日本憲兵隊本部に置かれた。その後、四八年の終わり頃には二管区制から六管区制になり、長野県は埼玉県のキャンプドレイクを司令部とする第四管区に変更されている

長野県に進駐軍が来たのは、信濃毎日新聞の記事によれば四五年の九月中旬頃である。長野県における第四四一CIC支隊は第二管区の第二〇地区（本部：長野）に置かれ、登戸研究所関係の部署に最初に来たのは、十月五日に第一科が疎開していた北安曇地区の松川国民学校である。その後、上伊那地区の中沢国民学校や赤穂国民学校へ来たのは、疎開資料にあるとおり十月二十五日であった。

登戸研究所の関係者でGHQに召還されCICの尋問を受けたのは、所長の篠田鐐中将、第一科長の草場季喜少将、第二科長の山田桜大佐、第三科長の山本憲蔵大佐、第二科班長の伴繁雄少佐らである。

伴はそのときの様子を、「アメリカは既に登戸研究所の研究内容をおおよそ把握していました。そのため、戦犯指名を覚悟していました」と語っている。

アメリカは科学技術関係の調査を占領とともに開始している。この調査にあたったのが、科学研究開発局のエドワード・L・モーランドを団長とするモーランド調査団

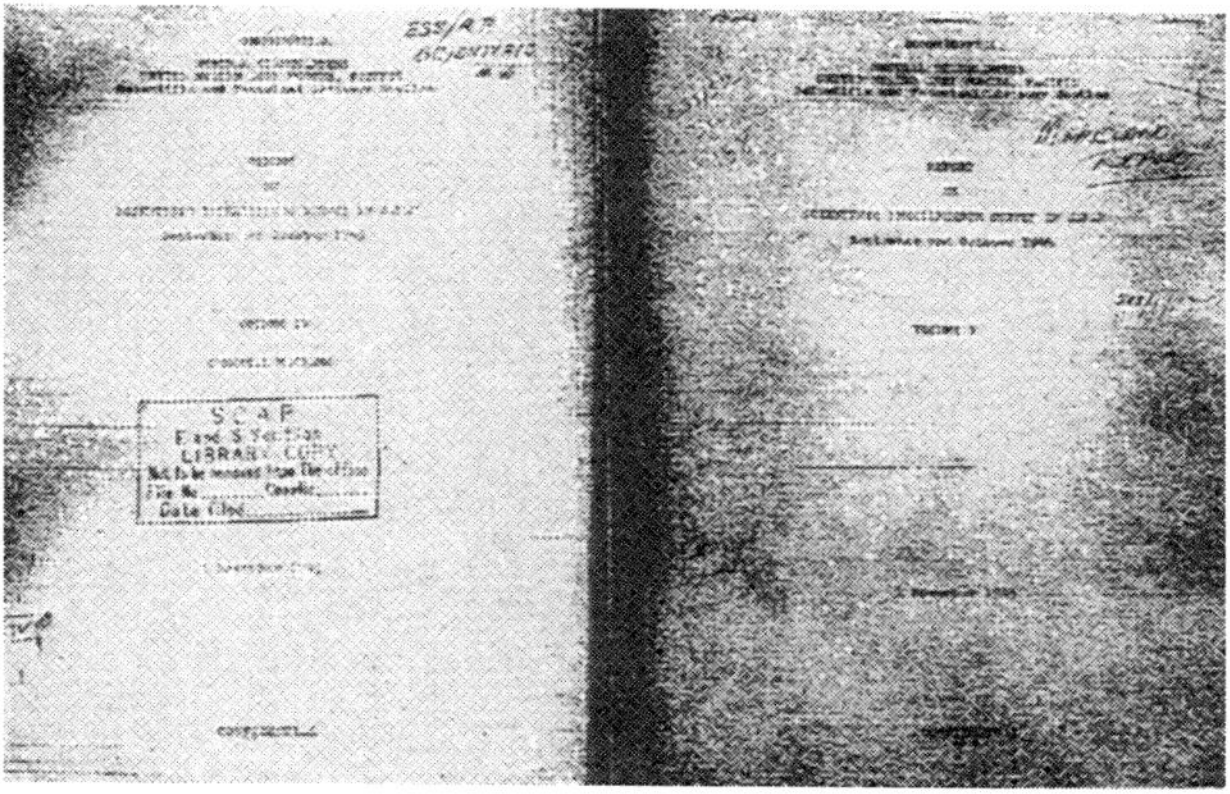

写真11－1　モーランド調査報告書

である。

調査団のメンバーは、団長のモーランドのほかマサチューセッツ工科大学学長のカール・Ｔ・コンプトンを顧問に、科学分野の民間専門家五人、軍事専門家六人という構成であった。

調査は昭和二十年九月から十月にかけて行われ、十一月にはそれまでの調査結果を、「日本における科学情報調査（一九四五年九月～十月）」（モーランド・リポート）という全五巻の報告書としてまとめている。

内容は第一巻が調査の概要、第二巻が軍の研究開発関係者の面接調査資料、第三巻が民間の研究開発関係者の面接資料となっており、調査分野はレーダー、無線通信対策、ロケット・ジェット推進、誘導ミサイル、殺人光線、風船爆弾などである。第四巻は化学戦、第五巻は生物戦となっている。

生物戦の調査は、七三一部隊の調査報告で有名な化学戦研究部のM・サンダース中佐が担当している。この第五巻は通称「サンダース・リポート」と呼ばれるものである。

このときの調査では、七三一部隊長の石井四郎の面接はまだ行われておらず、内藤良一中佐らがサンダース中佐から面接を受けている。

アメリカによる七三一部隊などの細菌戦部隊の調査は、敗戦後ただちに開始され、昭和二十二年までに四次にわたる調査団が来日している。

第一次がM・サンダース、第二次がA・T・トンプソン、第三次がN・H・フェル、第四次がE・V・ヒルによる調査である。これらの調査はGHQのマッカーサーとGⅡのウィロビーの協力を得て実施された。しかし第二次のトンプソンの調査までは、七三一部隊が人体実験を行っていたことは、リポートに書かれていない。

アメリカが人体実験の事実を知ったのは、昭和二十二年一月、ソ連検察部のスミルノフ大佐がGHQに対して、石井四郎、北野政次、若松有次郎らの細菌戦部隊幹部の尋問を要求してきたことから、はじめて七三一部隊での人体実験を知ったのである。

ソ連に細菌戦研究の成果を入手されることを恐れたアメリカは、ソ連からの要求を断り、石井らから人体実験の研究成果を入手した。その見返りとして、アメリカは石井らに対して戦犯免責を与えたのである。

報告書の第一巻には調査の概要がまとめられているが、それによると各研究分野の進捗状況は次のとおりである。

①レーダーについて

戦争終結時の開発段階は、アメリカの一九四二年初期の段階と同程度のものである。さらに、日本のレーダー開発は、方向性、組織、陸海軍の協力の欠如のため戦争に間に合わなかった。

②無線通信について

二十個の五〇〇Ｗから一〇〇〇Ｗまでの無線妨害機を開発していた。

③ロケット・ジェット推進について

陸軍は一九三一年頃からロケットの理論的研究をはじめたが、戦争終結時には、直径五センチメートル、長さ六〇センチメートルのスピン安定ロケットの操作開発に入っており、一九四五年九月には実験が行われる予定であった。

④誘導ミサイルについて

日本軍は船舶攻撃用熱誘導弾の実験を行っていたが、完成しなかった。

⑤殺人光線について

航空機乗組員を殺傷する目的で、殺人光線の開発への努力が払われていた。高周波電磁波が三〇センチメートルの距離から十分間照射され、ウサギが殺された。一九四五年度、殺人光線には一〇〇万円の予算が配分されていた。しかし、殺人光線の実際の効果はなかった。

⑥風船爆弾について

二万個の風船爆弾の製造が計画され、九千個が製造使用された。

最後に、日本の科学技術に進歩がみられなかった理由として、「陸軍と海軍が技術開発のために大学の研究者を効果的に利用できなかったからであろう」と述べ、「新技術の開発がアメリカやドイツよりもはるかに遅れている」と指摘している。

モーランド調査団による調査が終了したのちも、登戸研究所の関係者はCICから面接を受け、多くの技術情報を提供している。しかし、登戸研究所の元所員で戦犯指名された者は誰もいない。細菌戦の七三一部隊同様、アメリカに技術資料の提供をした見返りとして免責を受けていたためである。

第十二章　陸軍登戸研究所と帝銀事件

1　帝銀事件の概要

戦後間もない一九四八（昭和二十三）年一月二十六日、帝国銀行（現：三井住友銀行）椎名町支店で行員ら十六人中十二人が青酸化合物によって毒殺された「帝銀事件」は、オウム真理教による一連のサリン事件が発生するまで、戦後、最大の毒殺事件であった。

同年八月二十一日、テンペラ画家の平沢貞通が逮捕され、一九五五（昭和三十）年に最高裁において死刑が確定した。しかし平沢はその後も刑が執行されず、一九八七（昭和六十二）年五月十日、老衰のため八王子医療刑務所において獄死している。

この事件は旧刑事訴訟法による最後の事件ということもあり、平沢が犯人であるという具体的証拠もほとんどなく、自白が有力な証拠として採用されたという特殊な事情がある。

青酸化合物を使用した慣れた手口から、毒物の知識を持たない平沢が真犯人ではない、あるいは真犯人の可能性が非常に少ない、ということは現在では常識となっている。そのため確定判決後、三十数名の法務大臣が刑の執行の判を押さなかった、という点からも特別な事件であったといえる。

当初、捜査当局は毒物の扱いに慣れた手口から、旧軍の毒ガス戦部隊や細菌戦部隊の関係者に犯人を絞っていたが、途中から捜査方針が変更になり、八月にテンペラ画家の平沢貞通が逮捕されたのである。

平沢が犯人とされた理由は、帝銀事件で使用された、「厚生省予防局厚生技官・医学博士・松井蔚」という名刺を、かつて交換し持っていたことがあるというだけである。

捜査当局は帝銀事件が起きた二日後の一月二十八日、三カ月ほど前と一週間前に同様の強盗殺人未遂事件があったことをつかんだ。

最初の事件は、前年の十月十四日に安田銀行荏原支店に男が現れ、帝銀事件で使用されたものと同じ「松井蔚」の名刺を使用した事件。もう一方の事件は、一週間前の一月十九日に三菱銀行中井支店で「厚生省技官兼東京都防疫課・医学博士・山口二郎」の名刺を使用した事件である。両事件とも未遂に終わったが、手口が帝銀事件と酷似していた。

捜査の結果、三菱銀行で使用された「山口二郎」は架空の人物であったが、「松井蔚」は実在の人物であることが判明した。しかし実在の松井博士には当日のアリバイがあり、帝銀事件の犯人は松井博士から名刺を入手した人物である可能性が高いとされたのである。

警視庁は帝銀事件の翌日に合同捜査本部を設置したが、これらの名刺の捜査を担当したのが居木井為吾郎警部補であった。

居木井警部補は松井博士が名刺を交換した人物を捜査している過程で、平沢が前年、青函連絡船の中で自分の名刺と松井博士の名刺を交換した事実をつかみ、歳格好が似ていることと、交換した松井博士の名刺を紛失し、名刺を所有していないことを理由に平沢貞通を犯人であると確信、八月二十一日、北海道小樽にいた平沢を逮捕したのである。

逮捕後の平沢は、終始無罪を主張したが、過酷な取り調べにより犯行を自白、これを証拠として、一九五〇（昭和二十五）年七月二十四日、東京地裁刑事第九部で死刑の判決を受けた。この裁判は具体的証拠もなく、自白のみが唯一の証拠であったが、旧刑事訴訟法での事件ということもあり、自白が最大の証拠とされたのである。

判決後、平沢はただちに控訴したが、翌年九月二十九日、東京高裁第六刑事部において控訴も棄却され、上告も三十年四月六日、最高裁で棄却されたため、五月七日に死刑が確定した。

帝銀事件の判決では、犯行に使用された青酸化合物は市販の「青酸カリ」とされたが、犯人は「ファーストドラッグ」、「セカンドドラッグ」と英語で書かれた大小の二本のビンを持参し、赤痢の消毒という名目で、行員に予防薬と称し毒薬を飲ませたのである。

その方法は、まず自分で飲んで見せ、行員を安心させた上で、小さいビンの第一薬を飲ませ、その後、大きいビンの第二薬を飲ませるという周到な手口である。そのため死亡まで一分近くの時間が経過しており、判決のような即効性の青酸カリではなく、遅効性の青酸化合物ではないかとの疑いがもたれた。

当時、遅効性の青酸化合物は登戸研究所の第二科が謀略用に開発した「青酸ニトリール」しかなかったため、捜査当局もこの毒物を入手できる旧軍関係者に疑いをもったのである。

2　帝銀事件と青酸ニトリール

青酸ニトリールと帝銀事件の関係について疑いをもち、はじめて公表したのが作家の松本清張である。松本清張は『日本の黒い霧』のなかで、このことについて次のように述べている。

捜査当局は、帝銀に使われた毒物について、あらゆる研究を行ったに違いない。そして、青酸カリ以外の化合物が何であるかの究明に力を尽くしたと思う。そして、それが旧陸軍研究所において製造されていたアセトンシアンヒドリンに極めて類似することが分ったであろう。これは、戦時中、軍が極秘に研究し製造していたもので、軍用語でニトリールと呼ぶものであった。これは、神奈川県稲田登戸にあった第九技術研究所の田中大尉によって発見されたといわれている。そして、これは帝銀に使われたように遅効性のものであった。しかし、このニトリールが帝銀事件に使用された毒物と同一である、という断定は何もない。ただ、大層よく似ていた、と云うことは出来る。

松本清張も帝銀事件で使用された毒物が、登戸研究所で開発された青酸ニトリールであるとは断定していないが、文脈からこの毒物に非常に疑いをもっていたことはわかる。

また、青酸ニトリールを発見したのは田中大尉としているが、これは明らかに間違いで、実際に開発したのは、登戸研究所第二科第三班（毒性化合物担当）の土方博少佐の部下の滝脇重信大尉である。

青酸ニトリールが帝銀事件で使用された毒物ではないかという疑いは、事件当時から登戸研究所の関係者の間でも疑われていたことである。捜査当局の事情聴取に対して、多くの元所員が「犯行の手口からいって青酸ニトリール以外ではあのような犯行はできない」と証言している。

滝脇重信大尉と同じ班にいたこともある元技術大尉の杉山圭一も、「青酸カリでは危険でできないから、青酸ニトリールを使ったのが正しいと思われる。もし青酸カリを使ったとしたら、青酸カリの特徴を研究した大家か、まったくの素人がやる以外、一般化学者はそういう即効性のもので十二人も殺すことは危険でできない。青酸ニトリールの方がやりやすい」と登戸研究所の本部のあった上伊那地方に捜査に訪れた捜査一課の小林・小川の両刑事に語っている。

両刑事が事情聴取に訪れたのは、一九四八（昭和二十三）年四月二十五、二十六日の二日間で、事情聴取を受けた元登戸研究所の関係者は数名にのぼる。

そのうちのひとりで、元技師の北沢隆次は事情聴取の様子を次のように語る。

「帝銀事件のあった直後、私は中沢村（現駒ヶ根市中沢）にいたわけです。篠田中将と闇石鹸を作ってこの辺で売って歩いて、それで食べていたんです。帝銀事件が起きたのは終戦後二、三年たったころです。そこへ、警視庁の二人の刑事が私のところへ訪ねて来たのです。そして私と伴さんに会って帰ったわけだ。人相が似ていやしないかとね。ところが私は、その当時は十三貫くらい、キロで言ったら五十キロくらいで痩せとった。刑事が二人やって来て私の顔を見ると、本当に落胆した顔をしたのを今でも覚えている。年齢などからいって、該当者として私が一番怪しいというわけだ。その前に伴さんのところへ行ったけれど、伴さんははっきりそうでないとわかって来たので、残るのは私一人だったわけですよ」

北沢も語っているように、このとき伴繁雄も事情聴取を受けたひとりだ。伴はその後、帝銀事件の毒物の判定に対して大きな役割を果たすことになるが、事情聴取ではどのようなことを語っているのであろうか。

事情聴取のなかで伴は、登戸研究所の目的を「謀略器材及び毒物の研究」とし、そして「毒物合成は個人謀略に用いる関係上、死後原因が一寸掴めぬような毒物を理想として研究し、中には成功したものもあった」と述べ、成功した毒物として「青酸ニトリール」の名前をあげている。

毒物の種類については、即効性のものと遅効性のものに大別しており、即効性の毒物として「青酸・青酸カリ・ヘビ毒・青酸化水銀」、遅効性の毒物として「細菌・青酸ニトリール」をあげている。

さらに帝銀事件にふれ、「帝銀事件を思い起して考えてみるに、青酸カリは即効的なものであって、一回先に薬を飲ませて第二回目を一分後に飲ませて、さらに飲んだ者がウガイに行って倒れた状況は、青酸カリとは思えない。青酸カリはサジ加減によって時間的に経過させて殺すことはできない。私にもしさせれば、青酸ニトリールでやる。青酸ニトリールを飲ませた場合は、青酸は検出できるが他の有機物は検出できない」と述べ、事情聴取で伴繁雄も杉山と同様、犯行に使用された毒物は青酸カリではなく、青酸ニトリールの可能性が高いと語っている。

この杉山と伴の証言は、警視庁捜査第一課の甲斐文助係長の『帝銀椎名町支店員毒殺事件・捜査手記』に記録されているものである。この『捜査手記』は公文書ではなく、甲斐係長が個人的にメモしていたものである。

では、実際に登戸研究所で開発された青酸ニトリールが帝銀事件で使用されたとすれば、どのような経路で一般に流出したのであろうか。敗戦時、この毒物の保管責任者であったのが北沢隆次である。

北沢は流出した経過について、次のように語っている。

「終戦当時、青酸ニトリール、第四科のすべての資材の保管責任者は私なんです。そういうものが流れ出したことについては記憶しています。戦後、参謀本部、陸軍省、憲兵隊、そんなところから、自殺用にいちばん楽に死ねる薬をくれというわけで、私のところに来ました。参謀本部の第八課では、そういう毒薬を登戸研究所が持っていることは知っていましたから。その当時としては、そういうものを出すには上の科長だとか所長の篠田中将の許可を得なければ駄目なんです。陸軍省だとか参謀本部だとか、そういう人たちが私のところに来て、青酸ニトリールのケースに入っていたものを、二、三ケース渡したことは記憶しています。だから陸軍省や参謀本部、憲兵隊などからどこに流れたかは、私にはわからないわけです」

北沢の証言で、戦後、旧軍関係者が青酸ニトリールを所持していた可能性が明らかになった。ケースのなかには青酸ニトリールのアンプルが三十本ないし五十本程度入っていたようである。

また、伴も「戦後、自決用に青酸ニトリールのアンプルを持っていました。しばらくして必要がなくなったので、自宅の裏庭で処分してしまいましたが、登戸研究所の上級将校は皆持っていたのではないですか」という証言をしている。

これらのことから、正規のルート以外からも流出した可能性があり、それらを含めるとかなりの量の青酸ニトリールが流出したと思われる。

3　証人訊問調書

帝銀事件の発生以来、捜査当局の捜査員のほとんどが「旧軍関係者に間違いなし」という意見で一致していた、一部の例外を除いて。その一部の例外が、犯人が差し出した名刺の線から犯人の割り出し捜査を担当していた居木井為五郎警部補である。

居木井警部補は八月、平沢を小樽で逮捕したが、伴らが事情聴取を受けた四月には、捜査当局はまだ旧軍関係者を疑っていたことになる。

この四カ月の間に、なぜ、犯人の捜査対象が旧軍関係者から平沢貞通に変更になったのであろうか。そして翌年、「帝銀事件の状況から青酸加里とは思えない」と語った伴がなぜ、長野地方裁判所伊那支部の公判において、帝銀事件で使用された毒物を「一般市販の工業用青酸加里」であると断定したのであろうか。

伴が長野地方裁判所伊那支部で、帝銀事件に関する証言を行ったのは、一九四九（昭和二十四）年十二月十九日である。

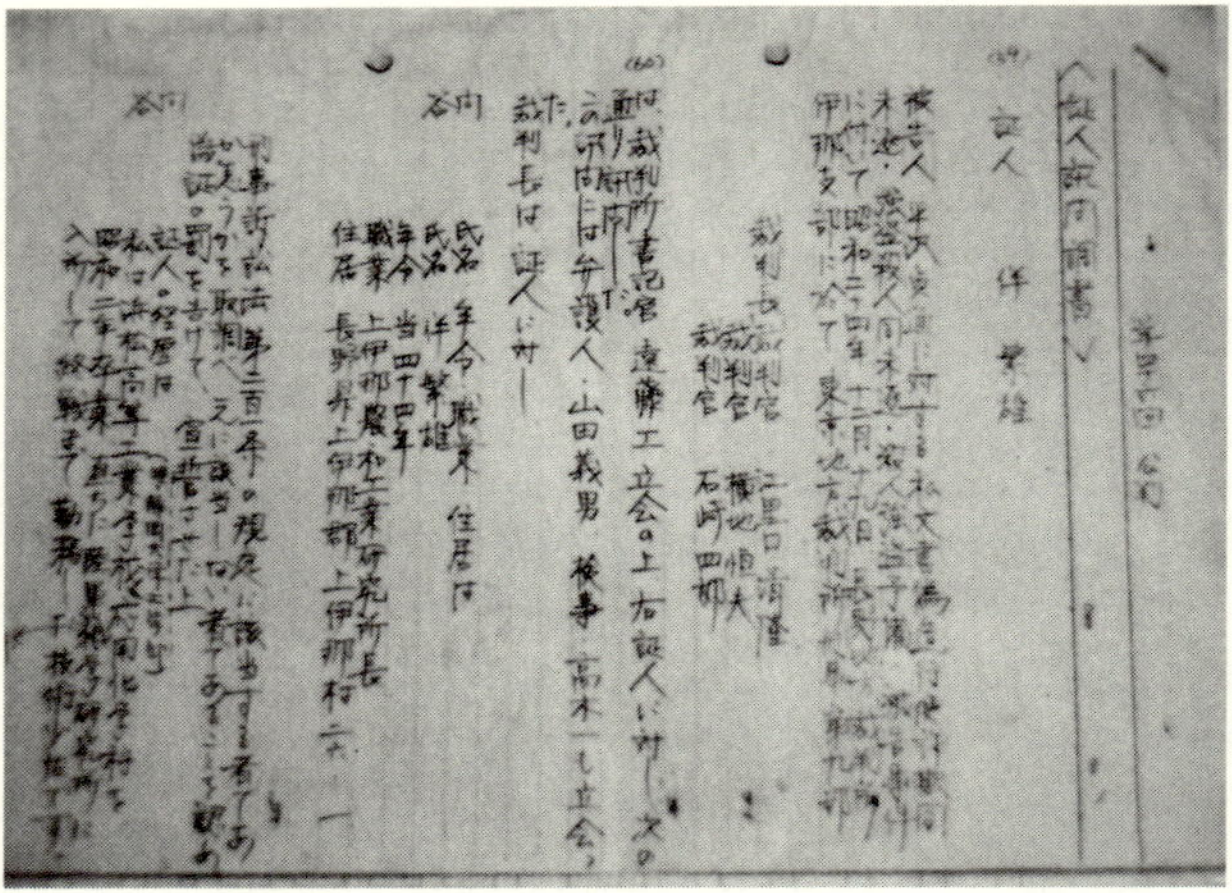

〈証人訊問調書〉

証人　伴　繁雄

裁判長裁判官　江里口清隆
裁判官
裁判官　石崎四郎

裁判所書記官　遠藤工　立会の上　右証人に対し　次の通り訊問した　尚　訊問には弁護人　山田義男　検事　高木一も立会った

裁判長は証人に対し

問　氏名　年令　職業　住居は

答　氏名　伴繁雄
年令　当四十四年
職業　上伊那農村工業研究所長
住居　長野県上伊那郡上伊那村

写真12－1　訊問調書

このときの『証人訊問調書』から証言内容の検討をしたいと思う。

証人訊問には、東京地方裁判所刑事第九部の江里口清隆裁判長ほか二名の裁判官があたり、帝銀事件担当の高木一検事も立ち会っている。

訊問は最初に形式どおり、氏名・年齢・職業・住居を尋ねている。伴の年齢は当時四四歳、職業は上伊那郡伊那村農村工業研究所所長、住居は上伊那郡伊那村（現駒ヶ根市東伊那）。続いて経歴についての訊問、その後具体的な内容に移る。

以下はその証言内容で、「問」は裁判長、「答」は伴繁雄である。

問　証人の専門研究事項は？
答　私は陸軍の研究所で秘密戦用器材、細かく申せば放火謀略、破壊謀略、毒物謀略器材、憲兵科学装備用器材、化学的秘密通信及その発見法、郵便検閲法を専門に二十年間やりました。
問　毒物方面の研究は？
答　昭和七年頃研究所に毒物班が設立され、私がその後昭和十二年頃まで基礎的な方面の研究を担当し、その後は私が古参の為全般的な掌握をして、詳細な研究は部下をしてやらせておりました。
　毒物研究に付いては重点は無色無臭無味で、水でもコーヒーでも酒でも容易に溶けること、青酸加里の様に超即効性のものでなく、遅効性のもので所謂死亡原因の判らないものを作ることでありました。それで一般市販の様なものでなく特殊毒物を研究しました。
　又毒物を飲めば本能的に嘔吐して出すので、それを防ぐ研究もやり、之を使用するに付いてのトリックの研究もやりました。薬物のみならず毒菌、蛇毒の様な天然的毒物も研究致しました。死亡原因不明の毒殺がモットウで遅効性毒物に苦心しましたが、完全なものは出来ておりませんでした。即効性のものは沢山ありました。即効性遅効性といっても明確な区分は無く、常識的な判断です。

ここの証言で「昭和七年頃研究所に毒物班が設立され」とあるが、この毒物班がどの班を示しているのかは不明である。しかし毒物合成は最終的に第二科第三班（班長土方博少佐）で行っていたので、この班の前身の班かも知れない。青酸ニトリールを開発した滝脇重信大尉も同班の所属である。

毒物研究の重点は、「無色無臭無味で、……遅効性のもので死亡原因の判らないものを作ること」とあり、『捜査手記』に書かれている内容と同じである。

問　証人は本件捜査当時毒物捜査会議に出席したか。

答　昭和二十三年九月六日頃警視庁藤田刑事部長私宅で開かれた捜査会議に出席し意見を述べました。出席者は私の外、高木検事、東大桑島博士、警視庁野老山鑑識課長、西山技官、外に軍関係として土方元技術少佐、その他がおりました。

私は警視庁から予め送付を受けていた、

一、昭和二三年二月付帝銀毒殺事件捜査経過

二、同年六月二五日付帝銀毒殺事件捜査法に付いての指示

三、同年二月十六日付警視庁刑事部鑑識課長よりの目白警察署長宛鑑定書
四、同年八月二一日付国家地方警察本部科学捜査研究所理化学課員より警視庁刑事部捜査一課長宛帝銀毒殺事件毒物検査に付いて
五、同年五月十五日付東大教授木村健次郎より西山理化学課長宛の毒物の分析結果（私信）
六、同年六月八日付慶応大学法医学教室における死体解剖検査記録
七、東大法医学教室における死体解剖記録
八、帝銀毒殺事件毒薬の検討
九、同年六月付帝銀毒殺犯人捜査必携
十、現場写真二十枚

に基づき推論的判断をして意見を述べました。この時は毒物の化学組成、量の決定、死因判定の問題で私の推論的結論が受け入れられ承認されました。

伴の判断は、警視庁から提供された十点の捜査資料からの推論であることがわかる。そしてその結論は検察側に承認されたと述べられている。

出席者は警視庁の藤田刑事部長、伴繁雄、検察庁の高木検事、東大の桑島博士、警

視庁の野老山鑑識課長、科学捜査研究所の西山理化学課長、それに登戸研究所第二科第三班長の土方元少佐らである。

この会議は、合同捜査本部長の藤田次郎宅で行われたと述べられている。重要な会議が私邸で行われること自体なんとも不思議である。

捜査会議が行われた九月六日には、慶大は鑑定した六人全員の鑑定書が完成していたが、東大の鑑定はこの日までに六人中一人しか鑑定結果が完成していないのである。

さらにこの会議が開かれた日が、すでに平沢貞通が逮捕された後であるということである。こうしてみてみると、この会議の目的が何か恣意的にみえてくるのは、考えすぎであろうか。

4　毒物報告書と鑑定書

昭和二十三年九月、伴繁雄は捜査会議に一緒に出席した土方博とともに、捜査本部の藤田刑事部長および城崎捜査第一課長にあてた青酸化合物についての報告書を提出した。

この報告書は、同年七月に藤田・城崎の両名より青酸化合物に関しての技術的検討ならびに所見を求められていたもので、それに関する回答書である。調査期間は八月二十八日から捜査会議が行われた九月六日の前日の九月五日までとなっている。

表題は「帝銀毒殺事件の技術的検討及び所見」となっており、目的は「警視庁の依頼により帝銀毒殺事件の基礎的捜査資料中毒物に関し、技術的に再検討を実施し、本事件の速かなる解決の鍵及び捜査線圧縮に寄与する参考意見を得ると同時に局面打開の新方針を獲得するを目的とす」と述べられている。

報告書の中心は、「毒物の化学組成及び量の決定と死因の判定」と題された部分で、帝銀事件で使用された可能性のある毒物として、容疑が濃厚なものの順にシアン化カリ、シアン化ソーダ、シアン化水素、シアン化アンモニア、イソシアン酸をあげている。

犯人が行員らに飲ませた第一毒液、第二毒液について、伴と土方は報告書のなかで次のように記している。

第一毒液

① 化学的組成青酸塩溶液「青酸カリ」または「青酸ソーダ」あるいは両者の混合物（CN）確証。
② 濃度　五％ないし一〇％（推定）。
③ 嚥下容量　一人あたり五cc（推定）。
④ 投薬瓶容量　一二〇cc（推定）。
⑤ 毒物全含有量　六グラムないし一二グラム（推定計算量ただし最大）。
⑥ 毒物全含有量　六グラムないし一二グラムとして十六人に分割せば一人あたり嚥下量薬〇・三八グラムないし〇・七六グラム。
⑦ 嚥下容量　一人あたり五ccとせば一人あたり嚥下重量〇・三グラムないし〇・

五グラム。

⑧　行員十六人および犯人嚥下総容量は一七×五ccすなわち八五ccとなり残量は三五ccとなる。

⑨　青酸カリの致死量は［陸九研］〇・三グラム完全死亡。青酸〇・〇五グラム完全死亡。

第一毒液については以上の九点を検討の結果あげている。このうち⑨の致死量は［陸九研］と記されていることから、第九陸軍技術研究所すなわち登戸研究所で行った実験の結果に基づいたデータを使用したものと思われる。

登戸研究所は中国の南京と上海において、七三一部隊や特務機関と合同で中国人捕虜を使った人体実験を行ったことが明らかになっており、このときに使用された毒物のなかに青酸ニトリールをはじめとする青酸化合物も含まれていたからである。

第二毒液（犯人の中和剤と称する毒液）

①　諸鑑定報告に実験的結果の発表なく単に水程度の無害の液体と推定判断せられあり。

②　犯人が毒物に関し深き知識、試験、体験等を有する者とせば中和剤と偽証し毒性効果を促進する有機酸類（例　酒石酸、クエン酸、醋酸等）の希薄溶液でないかと判断することも可能なり。

③　これが理由として青酸系毒物を超即効的にかつ毒性効果を最小限量にて致死の確実を欲せば、希薄有機酸類の使用の適当なることは公知事項なり。

④　東大による胃内容物の予備検査に各検体とも胃内容物の液性は酸性なりと実証せり（ただし胃中の酸により酸性か）。

⑤　ただし西山理化学課長の毒物検査報告には吐瀉物「弱アルカリ性」を呈するとあるをもって、胃内容物の酸性と逆呈色反応を示しあり（青酸カリ水溶液はアルカリ性）。

第二毒液について両名は、水程度の無害な液体または毒性効果を促進する有機酸類ではないかと推定している。

また、胃内容物の液性は東大の検査報告では酸性、西山理化学課長の検査報告では弱アルカリ性となっていた、と記されている。この件に関しては、次の東大と慶大の鑑定書をみればわかるとおり、東大が酸性と弱酸性、慶大が弱アルカリ性・弱酸性・

表12-1　慶大鑑定書

鑑定人	被害者	血液	胃中等臭い	胃内容分析	性状	死因	毒物の種類	鑑定期間	吐瀉物の性状・量（警視庁鑑識課鑑定）
正 中館 副 皆川	女 一九歳	暗紫赤色流動性血液	記載なし	青酸検出 青酸塩を構成する金属を証明出来ず	弱アルカリ性	青酸塩	青酸塩の種類断定出来ず	自一・二八 至六・八	弱アルカリ性 一五グラム
正 中館 副 皆川	女 四九歳	暗紫赤色流動性血液	記載なし	青酸検出 青酸塩を構成する金属を証明出来ず	弱酸性	青酸塩	青酸塩の種類断定出来ず	自一・二七 至六・八	
正 中館 副 斉藤	男 八歳	暗紫赤色流動性血液	記載なし	青酸検出 青酸塩を構成する金属を証明出来ず	弱アルカリ性	青酸塩	青酸塩の種類断定出来ず	自一・二七 至六・八	僅微アルカリ性
正 中館 副 斉藤	男 四七歳	暗紫赤色流動性血液	記載なし	青酸検出 青酸塩を構成する金属を証明出来ず	中性	青酸塩	青酸塩の種類断定出来ず	自一・二八 至六・八	弱アルカリ性 二グラム
正 中館 副 斉藤	男 二二歳	暗紫赤色流動性血液	記載なし	青酸検出 青酸塩を構成する金属を証明出来ず	弱アルカリ性	青酸塩	青酸塩の種類断定出来ず	自一・二七 至六・八	
正 中館 副 皆川	女 四九歳	暗紫赤色流動性血液	記載なし	青酸検出 青酸塩を構成する金属を証明出来ず	酸性	青酸塩	青酸塩の種類断定出来ず	自一・二七 至六・八	

和多田進『新版・ドキュメント帝銀事件』202、203、234頁より作成。
※被害者の氏名は男•女に変更してある。

表12−2　東大鑑定書

鑑定人	被害者	血液	胃中等臭い	胃内容分析	性状	死因	毒物の種類	鑑定期間	吐瀉物の性状・量（警視庁鑑識課鑑定）
正　三木 副　桜井	女 二三歳	鮮赤色 流動性血液	頭蓋著名青酸臭 腹腔著名青酸臭 胃内著名青酸臭	青酸検出　焔色反応 カリウム、ナトリウム 分光分析定量	弱酸性	青酸中毒	青酸カリウム 又は青酸ナトリウム	自一・二七 至八・二七	アルカリ性 少量
正　越永 副　中野	男 二九歳	鮮赤色 流動性血液	腹腔著名青酸臭 胃内著名青酸臭	青酸検出　焔色反応 カリウム、ナトリウム	酸性	青酸中毒	青酸化合物	自一・二七 至九・二七	
正　桑島 副　猪野	男 四四歳	濃赤色 濃鮮赤色 流動性血液	腹腔　胃内容 苦扁桃様臭	青酸検出　焔色反応 カリウム、ナトリウム	酸性	青酸中毒	青酸化合物 青酸カリ　青 酸ナトリウム	自一・二七 至九・七	弱アルカリ性 三五グラム
正　桑島 副　猪野	男 三九歳	濃赤色 流動性血液	苦扁桃様臭	青酸検出　焔色反応 カリウム、ナトリウム	酸性	青酸中毒	青酸化合物 青酸カリ　青 酸ナトリウム	自一・二七 至九・十	
正　越永 副　中野	女 一六歳	鮮赤色 流動性血液	青酸臭著名	青酸検出　焔色反応 カリウム、ナトリウム	酸性	青酸中毒	青酸化合物 青酸カリ　青 酸ナトリウム	自一・二七 至九・二十	弱アルカリ性 少量
正　三木 副　桜井	女 二三歳	鮮赤色 流動性血液	頭蓋著名青酸臭 腹腔著名青酸臭 胃内著名青酸臭	青酸検出　焔色反応 カリウム、ナトリウム 分光分析定量	弱酸性	青酸中毒	青酸化合物 青酸カリ　青 酸ナトリウム	自一・二七 至九・二二	弱アルカリ性 八グラム

中性・酸性、と鑑定結果が異なっている。

伴らは東大の酸性が胃酸による酸性かと疑問を呈しているが、青酸中毒では胃の内容液はアルカリ性を示すのが一般的である。鑑定書の最下段に参考に掲載した警視庁鑑識課の鑑定でも吐瀉物の性状が弱アルカリ性を示している。

和多田進は『ドキュメント帝銀事件』のなかで、「胃内容は弱酸性、吐瀉物は弱アルカリ性というのはいったいどういうことであろうか。この点でも、東大鑑定がイカサマか警視庁鑑識課がイカサマかということになるであろう。では、東大（胃内容）と警視庁鑑識課（吐瀉物）のどちらが液性をいつわっているのだろうか。私たちは東大鑑定だと確信する。理由は、帝銀事件の毒物がアルカリ性だったことはすべてが認めるところであるからである。もし、毒物がアルカリ性でなかったというなら、毒物を市販の青酸カリと確定した最高裁判決は一瞬にして崩壊することになるであろう。言うまでもなく、市販の青酸カリは、強いアルカリ性だからである」と述べ、東大鑑定に関して疑問を呈している。

このように、慶大鑑定と警視庁鑑識課の鑑定は似通っているのに、東大鑑定は一部異なっている。さらに、慶大鑑定が藤田邸で行われた捜査会議の日（九月六日）までにすべて鑑定が終了しているのに対して、東大鑑定は六件中一件しか鑑定が終了していないのである。

その他に両大学の鑑定書を比較してみると、毒物の判定に重要な死因と毒物の種類について、慶大と東大では違いがあることがわかる。

慶大鑑定では死因はいずれも青酸塩となっているが、青酸塩の種類までは特定されていない。これに対して、東大鑑定では死因はいずれも青酸中毒であり、毒物の種類は一件を除き青酸カリウムまたは青酸ナトリウムと特定している。

血液鑑定を比較しても、両大学の鑑定の違いは明らかである。慶大鑑定は全員が鮮赤色であるのに対し、東大鑑定は全員が暗紫赤色または濃赤色と毒物が青酸である様相を示している。

胃臭については、慶大鑑定には記載がないが、東大鑑定は桑島鑑定を除くとすべて青酸臭であり、桑島鑑定のみ苦扁桃臭となっているのである。苦扁桃とはアーモンドのことであり、青酸中毒の場合、独特なアーモンドの臭いがあることから、毒物を鑑定する場合の重要な鑑定要素となっている。桑島鑑定によれば、毒物は間違いなく青酸カリウムか青酸ナトリウムが使用されたことになる。

では、伴と土方はどのように帝銀事件で使用された毒物を判断したのであろうか。報告書の続きをみてみよう。

一般の毒物は味、臭、色等それぞれ特徴を有し、毒物鑑定の予備試験の唯一の示唆を与えるものなるも、第一毒液は極めて強力な刺激性のあるもので、ちょうど強いウイスキーを飲んだ感じであったと称する事実は、吾人の少量の味覚試験と一致す。また臭いも苦扁桃臭の特異ある臭気も青酸の存否判定に有益なり。

第一毒液が瓶中に二層に分離し上層が清澄、下層が白濁及び沈殿物のありたる事実は、青酸塩溶液の変質防止法として空気中の炭酸ガスの遮断は炭酸カリへの変質阻止に最も有効適切な方法なるも、水と常に分離しある薬剤か油類かの判定は技術的観点より考察すれば、研究の余地を存す。一方、密栓の完全なる場合は白濁及び沈殿物の生成が顕著でないこともまた公知の事実であり、たとえ炭酸カリを生じたといえども青酸カリは沈殿を生ずることなし。

したがって、本件の毒物は化学用あるいは局法程度の純良品ではなく、工業用のものと判断するを適当とす。これが理由は一般市販の青酸カリを溶解すれば大小差はあれ、どれも不夾雑物及び沈殿の少量混在す。毒液入り投薬瓶無色透明良質のものなりしため生存者がかく判断せしものと思考す。

本毒殺事件に使用の毒物は純度悪しき工業用青酸塩で、入手比較的容易なものである。単体青酸カリまたは青酸ソーダあるいは両者の混合物と推定するも青酸塩を形成する陽イオン（基、根）は不明なり（未確認）。

結論として両名は、帝銀事件で使用された毒物を「市販の純度の低い工業用青酸カリ」としたのである。この報告を受けて、捜査本部も事件で使用された毒物は市販の青酸カリであると断定した。以後、この判断が裁判においても引き継がれていくことになる。

5　GHQとの関係

昭和二十四年十二月十九日、長野地方裁判所伊那支部における証人尋問は、このときの報告書をもとに証言されたものである。

件は公判で、判断のための資料があらかじめ警視庁から送られ、それをもとにしての推論であると述べている。その資料のなかで重要なのが、「帝銀毒殺事件捜査法に付いての指示」である。

この指示は事件から五カ月後の六月二十五日、各警察あてに出された捜査指示で、同様の内容の文書が翌日、警視庁の藤田刑事部長からGHQ公安部へ提出されている。以下は、「帝銀毒殺事件捜査協力方に就て照会（三）」と表題が付けられたGHQへ提出した文書の内容である（遠藤誠『帝銀事件と平沢貞通氏』）。

このなかで犯人の前歴として、「犯人は医療、防疫（含消毒）薬品取扱い又は研究試験等に経験あり特に引揚者や軍関係当該経験者及び特務機関員、憲兵等を最適格者と看て之等に対し慎重な注意が向けられて居る」と記されている。
そして医療、防疫、薬品関係に経験ありと推測する理由として、
①　犯人が防疫官たる松井博士の真正な名刺を入手使用している。
②　名刺行使の際、相手方に対し「厚生省係員だが都から電話で消毒を頼まれて来た」とし、防疫の第一線が都であることの認識を裏書きしている。
③　「水害地の防疫に従事してきた」云々と信用を高めんと企てている。
④　消化器系伝染病（赤痢）に仮託し、予防薬として薬（毒薬）を勧めている。
⑤　赤痢（集団）発生の理由に付き不良井戸使用、配給の烏賊不良、水害地よりの潜入者による等、一応合理的な説明をなしている。
⑥　特殊な薬瓶、ピペット（スポイト）、ケース（医療器入れ器）等を所持している。
⑦　その扱いや三菱銀行中井支店で小為替を消毒した方法が洗練されている。
⑧　薬品の説明中琺瑯質又は中和剤等の特別の語を使用している。
などの八点をあげ、なかでも軍関係者を最適格者とみなした理由として、次の四点をあげている。

第一に、犯人は毒薬の量と効果に対して強い自信を持っていたと認められる点である。

これは、事件のときに飲ませた青酸が致死量ぎりぎりの量であったことからもわかる。この致死量は報告書によれば、青酸カリ〇・五グラムである。このような微量な分量を素人が分けることは不可能にちかい。

第二に、犯人は毒薬の時間的効果に対し深い自信を持っていたと認められる点である。

これは、毒薬を飲ますときに第一薬と第二薬を飲ませ、その間が一分くらいあったからである。このことから、超即効性の青酸カリではなく、効果が遅い青酸ニトリールではないのかと疑われている。

第三に、毒薬の飲ませ方である。

犯人は舌を出し一気に飲ませる方法をとっている。これは刺激で毒薬を吐かせないための飲ませ方である。

第四に、同一薬を飲んでも犯人には異状がなく、行員らが中毒した点である。

犯人は行員を安心させるため自らも飲んで見せた。しかし犯人には異状がなかった。この方法は細菌戦部隊での人体実験の方法に似ている。

ここに述べられている犯人像は、当時の捜査本部における常識であった。しかし二カ月後の八月二十一日、画家の平沢貞通が別の詐欺事件で逮捕、物証が得られないまま十月十二日、帝銀事件の強盗殺人の容疑で追起訴されたのである。

では、なぜ犯人像を軍関係者と特定していた捜査本部が、GHQ公安部に対して帝銀事件の捜査について照会しなければならなかったのか、それも今回の照会が三回目である。

当時の状況としては、捜査についてGHQ公安部の指示が必要であったことも考えられるが、それだけではないように思える。

松本清張は、アメリカ軍の細菌戦実験部隊が旧日本軍の細菌戦部隊関係者を使い、戦時中に開発された毒薬の効果を調べるための実験であったのではないかと主張している。松本清張の主張はひとつの仮説ではあるが、それを証明する証拠がない。

それよりもGHQは、捜査本部が旧軍関係者、なかでも細菌戦部隊関係者に捜査の手が伸びるのを恐れたためではないかと思われる。

それは帝銀事件が発生した当時、アメリカが石井四郎らの細菌戦部隊関係者を免責していたからである。

このような裏取り引きがあったため、帝銀事件の捜査により再び細菌戦部隊が表に出ることはアメリカにとって都合が悪かったのではないのか、そのため容疑者のひとりであった平沢貞通を犯人としたのではないかと思われる。

こうしてみてくると、九月六日の捜査会議は、旧軍関係者への捜査がおよぶのを恐れたGHQが、捜査本部に圧力をかけ、その意向を受けた捜査本部が、平沢貞通を犯人にするために用意された会議ではなかったのか、という疑問が生じる。そう考えると、多くの疑問が解けるのである。

6　証人訊問調書（続き）

伴繁雄は提供された十点の資料から、どのように毒物を推定したのであろうか。公判の続きをみてみよう。

問　証人がその際述べた意見は。

答　私は使用毒物は純度の比較的悪い工業用青酸カリで、入手の比較的容易な一般市販の工業用青酸カリであると断定しました。

本件被害者の解剖による法医学的報告、並びに理化学的報告により、毒物が青酸塩であることは明らかでしたが、それが単体青酸カリか、青酸ソーダか、或いは両者の混合物か、或いは青酸アンモニア（アンモニウム）か所謂青酸塩を形成する根（基）は不明でした。

毒物には青酸カリに限らず一般に分析用に使用する化学用最純品、化学用純品及び一般工業用の三種があり、一般工業用は純度が低く、一般市販の工業用青酸カリは青酸カリと青酸ソーダの混合物でありますから、本件の毒物がそれであると断定しました。

これには東大の桑島博士も、慶大の中館博士も同意見でした。

ここで、事件で使用された毒薬は「市販の青酸カリ」と断定している。この意見に、被害者の鑑定を担当した東京大学の桑島直樹博士と慶応大学の中館久平博士も同意見であったと述べられている。

帝銀事件の判決が、犯行に使用した毒物を「一般市販の青酸カリ」と認定しているのは、このときの藤田刑事部長宅で行われた捜査会議の結論が採用されたものである。

このことは、第十七次再審請求のときの判決でも、「本件の第一審においては、帝銀事件で使用された毒物が旧陸軍において秘密裡に開発された毒物（アセトンシアンヒドリン）ではないかという点についても証拠調べがなされ、旧陸軍科学研究所毒物班の責任者であった証人伴繁雄の訊問調書等により、本件の毒物がアセトンシアンヒドリンではないことが立証されており、その他にも本件の犯人が旧軍関係者に限られることを示す証拠は存在しない」と述べられている。

伴は尋問のなかで、帝銀事件の毒物が一般市販の青酸カリであり、アセトンシアンヒドリンではないことをどのように立証したのであろうか。

問　青酸カリの致死量及び本件毒薬の量は？

答　・・・前略・・・。

本件第一液に白濁して沈殿があった由ですが、この点が私が本件毒物を一般市販の工業用青酸カリと推断した一つの根拠であります。市販の工業用青酸カリを溶かすと幾分白濁又は少量の沈殿ができるのであります。アセトンシアンヒドリンを薄めた液を長く放置しておけば、白濁沈殿等ができるかどうか実験結果は知りません。青酸塩を飲ませた後、有機酸を使用してその効力を強めることは公知の事実ですから、本件犯人が第二液として有機酸を使用したのではないかという疑いも想定しましたが、第二液については単に水程度の無害なものだろうということで、詳しいことは知りません。

問　本件毒物がアセトンシアンヒドリンとは考えられないか。

答　青酸カリが固体で、その溶液は刺激性の味があり、苦扁桃の臭いがするのに対し、アセトンシアンヒドリンは液体で無色無味無臭ですから、アセトンシアンヒドリンであれば水と同じで犯人が飲ませるにつき、飲み方について説明する必要はないはずです。アセトンシアンヒドリンによる死亡も青酸中毒でありますから、服用後、痙攣・発作・嘔吐等の死亡に至るまでの状態及び解剖的所見は青酸カリ・青酸ナトリウム等、大体同じであります。

この青酸カリと青酸ニトリールに関する伴の証言は最も重要な部分である。一般的には青酸カリの致死量は一五〇ミリグラム（〇・一五グラム）から三〇〇ミリグラム（〇・三グラム）程度と言われている。

伴は帝銀事件の毒物が市販の青酸カリであるとした根拠として、第一液に白濁と沈殿があったためとしている。しかし青酸ニトリールについては同様なことがあるかどうかは不明としている。

ところが山崎幹夫は『毒の話』のなかで、青酸ニトリールについて「アセトンシアンヒドリンは水と混和すれば白濁し、アルカリの作用で（たとえば第二液がアルカリとすれば）青酸を遊離する」と述べ、青酸ニトリール（アセトンシアンヒドリン）も白濁すると述べている。

このことから、白濁だけで市販の純度の低い青酸カリと断定することはできないのである。それよりも、超即効性の青酸カリであったら第二液を飲ませるまで、一分近い間をおくことが可能であったかどうかの方がより重要な問題である。

事件の鑑定書では、毒物は「青酸化合物」としているだけで、青酸カリとは断定していない。胃の内容物からカリも検出されてはいるが、カリは食物のなかにも含まれているので鑑定書は青酸化合物としたのである。

帝銀事件の弁護団長であった遠藤誠弁護士は『帝銀事件裁判の謎』のなかで、「毒物を服用した被害者の十六人全員が一分以上たってから水（第二液）を飲まされるまで全員が立っていた、被害者十二人の死体に対する東大・慶大の鑑定では何らかの青酸化合物とまでは特定できるが、青酸カリは検出されなかったとされている」と述べ、登戸研究所が開発した青酸ニトリールを使えば「被害者はすべて一分以上立っていることができ死体を解剖しても青酸化合物以上の検出はできない」として、「帝銀事件の毒物は青酸ニトリールである」と述べている。

これを受けて帝銀事件弁護団は一九八九年（平成元年）五月、第十九次再審請求を東京高裁に対して提起した。再審希求に提出された新証拠書類は『甲斐手記』である。それとあわせて証人として登戸研究所関係者の証人尋問を請求している。登戸研究所関係者の多くが亡くなった今となっては、事実は永遠に闇のなかに消されていくのであろう。

なお、帝銀事件弁護団は二〇一五年十一月二十四日、二十回目となる再審請求を東京高等裁判所に二十六年ぶりに行った。その内容は、浜田寿美男『もうひとつの「帝銀事件」』に詳しく述べられている。

主要参考文献

木下健蔵『消された秘密戦研究所』（信濃毎日新聞社、一九九四年）
赤穂高校平和ゼミナール・法政二高平和研究会『高校生が追う陸軍登戸研究所』（教育史料出版会、一九九一年）
伴繁雄『陸軍登戸研究所の真実』（芙蓉書房出版、二〇〇一年）
渡辺賢二『陸軍登戸研究所と謀略戦』（吉川弘文館、二〇一二年）
川崎市中原平和教育学級編『私の街から戦争が見えた』（教育史料出版会、一九八九年）
山田朗編『陸軍登戸研究所〈秘密戦〉の世界』（明治大学出版会、二〇一二年）
山本憲蔵『陸軍贋幣作戦』（徳間書店、一九八四年）
明田川融『占領軍対敵諜報活動—第４４１対敵諜報支隊調書』（現代史料出版、二〇〇四年）
日本兵器工業会編『陸戦兵器総覧』（図書出版社、一九七七年）

『細菌戦用兵器ノ準備及ビ使用ノ廉デ起訴サレタ元日本軍軍人ノ事件ニ関スル公判書類』（外国語図書出版所、一九五〇年）
和多田進『ドキュメント帝銀事件』（ちくま文庫、一九八八年）
遠藤誠『帝銀事件と平沢貞通氏』（三一書房、一九八七年）
遠藤誠『帝銀事件裁判の謎』（現代書館、一九九〇年）
常石敬一『標的・イシイ』（大月書店、一九八四年）
熊野三平『「阪田機関」出動ス』（展望社、一九八九年）
浜田寿美男『もうひとつの「帝銀事件」』（講談社選書メチエ、二〇一六年）
太田昌克『731免責の系譜』（日本評論社、一九九九年）
木下健蔵「長野県における陸軍登戸研究所の疎開資料について」（『明治大学平和教育登戸研究所資料館　館報』第2号所収、二〇一六年）
学校誌『中澤学校百年誌』、『赤穂小学校百年史』、『飯島町学校教育百年史』、『松川小学校百年のあゆみ』、『会染小学校百二十五周年記念誌』

著者プロフィール

木下　健蔵（きのした　けんぞう）

1954年長野県飯田市生まれ。

長野県赤穂高等学校で平和ゼミナールの生徒たちと陸軍登戸研究所の調査・研究に携わる。

元長野県辰野高等学校教諭。

著書『消された秘密戦研究所』（信濃毎日新聞社）
共著『高校生が追う陸軍登戸研究所』（教育史料出版会）
執筆「長野県における陸軍登戸研究所の疎開文書について」（『明治大学平和教育登戸研究所資料館　館報』第2号）
「特集　陸軍登戸研究所」（『伊那路』第34巻第10号）
「陸軍登戸研究所と帝銀事件」（『伊那』第865号、第866号）ほか

日本の謀略機関　陸軍登戸研究所

2016年11月15日　初版第1刷発行
2025年4月10日　初版第3刷発行

著　者　木下 健蔵
発行者　瓜谷 綱延
発行所　株式会社文芸社
〒160-0022　東京都新宿区新宿1－10－1
電話　03-5369-3060（代表）
03-5369-2299（販売）

印刷所　株式会社暁印刷

ISBN978-4-286-17525-6

参考資料

西暦（元号）	政治・経済	陸軍登戸研究所・陸軍中野学校関係
1918 （大正7）	・4-17　「軍需工業動員法」公布 ・5-16　日華陸軍共同防敵軍事協定調印 ・8-2　政府、シベリア出兵宣言 ・11-11　ドイツ、休戦協定に調印（第1次世界大戦終結）	
1919 （大正8）	・1-18　パリ講和会議開催 ・4-12　「関東軍司令部条例」公布 ・5-7　講和会議、旧独領南洋諸島の統治を日本に委任 ・6-28　ヴェルサイユ講和条約調印	・4-15　**陸軍技術本部設立** ・4-15　**陸軍科学研究所設立（兵器の基礎研究のための研究所）** **2課制：第1課「物理関係」** **第2課「化学関係」**
1920 （大正9）	・1-10　国際連盟発足 ・3-15　株式市場大暴落、戦後恐慌始まる ・7-15　シベリア派遣軍と極東共和国との間に停戦協定成立	
1921 （大正10）	・4-26　「陸軍並びに海軍軍法会議法」各公布 ・11-12　ワシントン会議開催 ・12-13　ワシントン会議で日米英仏4ヵ国条約調印（日英同盟廃棄）	
1922 （大正11）	・2-6　ワシントン会議で海軍軍備制限条約・中国に関する9ヵ国条約調印 ・7-3　海軍軍備制限計画発表 ・7-4　陸軍軍備制限計画発表	・11-　**陸軍科学研究所、淀橋区（現新宿区）の戸山ヶ原に新築移転**
1923 （大正12）	・2-12　衆議院、陸軍軍縮決議案否決 ・2-28　「帝国国防方針」を改定裁可（仮定敵国を米・露・中の順とす） ・3-10　中国政府21ヵ条条約破棄を通告（日本政府拒絶） ・9-1　関東大震災	
1924 （大正13）	・5-　海軍省に軍事普及委員会を設置 ・9-22　外務省、対中国不干渉・満蒙権益擁護を発表	
1925 （大正14）	・1-20　日ソ基本条約調印（国交回復） ・3-19　「治安維持法」成立 ・4-13　「陸軍現役将校学校配属令」公布 ・4-29　「普通選挙法」成立 ・5-1　高田・豊橋・岡山・久留米の4個師団廃止（宇垣軍縮）	・5-　**陸軍科学研究所編制改正、3部制となる〈勅令第152号〉**
1926 （大正15）	・7-9　蒋介石、北伐開始 ・10-1　陸軍省に整備局設置（軍備近代化のため） ・12-25　大正天皇没、昭和と改元	

化学（毒ガス）戦関係	生物（細菌）戦関係
・ －　臨時毒ガス調査委員会設置（毒ガス研究の開始）	
・ －　第１次世界大戦休戦により臨時毒ガス調査委員会解消	
	・12－　石井四郎京都帝国大学医学部卒業
・11－　科学研究所の第２課化学兵器班において化学兵器の研究再開	
・ －　鉄筋ｺﾝｸﾘｰﾄの研究室(120坪)および実験室建設	
・ 5－　科学研究所編制改正 化学兵器班解消、第３部となる（２課制が廃止され、３部制となる。第１部物理第２部化学、第３部毒ガス関係）	
・ －　建物増設と人員増加により逐次研究実績向上する ・ －　毒ガスの野外実験（３月九州、８月北海道、12月千葉県）	

西暦（元号）	政治・経済		陸軍登戸研究所・陸軍中野学校関係
１９２７ （昭和２）	・4-1　「徴兵令」を改め「兵役法」公布 ・4-22　緊急勅令で金銭債務の支払延期等公布施行（モラトリアム発令） ・5-28　政府、山東出兵を声明（第１次山東出兵） ・6-20　ジュネーブ海軍軍縮会議開催 金融恐慌		・4-　陸軍科学研究所第２部に秘密戦資材研究室（別名篠田研究室）開設 陸軍登戸研究所の創設 「秘密戦に必要な資材・器材の基礎的な研究」
１９２８ （昭和３）	・4-19　第２次山東出兵決定 ・5-3　日本軍、国民政府軍と衝突（済南事件） ・6-4　張作霖、関東軍の謀略で爆殺 ・6-29　「治安維持法改正」公布施行（死刑罪・目的遂行罪追加） ・7-3　全県警察部に特別高等課設置	創設期	
１９２９ （昭和４）	・10-24　ニューヨーク株式市場大暴落、世界大恐慌始まる ・11-21　大蔵省、金解禁の省令公布		
１９３０ （昭和５）	・1-11　金輸出解禁実施 ・1-21　ロンドン海軍軍縮会議開催 ・4-22　ロンドン海軍軍縮条約調印 ・11-14　浜口首相、東京駅で狙撃される		
１９３１ （昭和６）	・9-18　満州事変勃発 ・12-13　金輸出再禁止を決定 ・12-17　「銀行券金貨兌換停止令」公布 ・12-31　ソ連、不侵略条約締結打診		・9-　秘密戦資材研究室の拡充 「陸軍省・参謀本部・陸軍技術本部の３省の関係当局との密接な関係を樹立」
１９３２ （昭和７）	・1-3　関東軍、錦州を占領 ・2-5　関東軍、ハルビンを占領 ・2-20　上海総攻撃開始 ・2-29　国際連盟のリットン調査団来日 ・3-1　満州国建国宣言 ・5-5　上海停戦協定調印 ・5-15　海軍将校ら、犬養首相を射殺（５・１５事件） ・6-29　警視庁、特別高等警察課を特別高等警察部に昇格 ・9-15　日満議定書調印、満州国承認	前期	
１９３３ （昭和８）	・1-3　日本軍、山海関占領 ・2-23　日本軍、熱河省進行作戦を開始 ・3-27　日本、国際連盟脱退を通告 ・5-31　日中両軍の間で塘沽停戦協定成立 ・10-3　国防・外交・財政方針との調整のため首・蔵・外・陸・海の５相会議開催		

化学（毒ガス）戦関係	生物（細菌）戦関係
・ – 野外試験（５月王城寺原、９月富士裾野演習場） ・ – 各部隊に化学兵器防御のための教育を開始	
・ – 研究室等の拡充（研究実験室約４０棟、小工場約２０棟） ・ – 野外試験（１月北海道、７月台湾、９月関山演習場） ・ 8- 瀬戸内海の大久野島に毒ガス製造のため、忠海兵器製造所創設	・ 4- 石井四郎、視察と細菌戦研究のため欧米への海外旅行へ出発（1930年4月まで）
・ – 新毒物合成研究着手 ・ 5- 忠海兵器製造所において毒ガスの製造開始 ・ 9- 野外試験（北海道） ・ – 毒性微数の研究	
・ 1- 野外試験（朝鮮山城山演習場） ・ – 軍用気象会創設 ・ – ルイサイトの製造研究完了	・ – 石井四郎、細菌戦部隊の設置を永田鉄山に提唱 ・ 8- 石井四郎、陸軍軍医学校の教官に任命される（防疫部所属）
・ 7- 野外試験（台湾新竹） ・ – 防毒具研究会開設 ・ – 主な毒ガス（イペリット、ホスゲン等）制式化	・ 3- 第３回化学工業博覧会に出品した、日本濾水機工業製の濾水機が石井四郎の目にとまる（以後共同研究が始まる）
・ 7- 科学研究所編制改正（第３部は第２部となり、第２部は解体して造兵廠に移管、但し化学工芸班は新第１部に編入） ・ 7- 野外試験（台湾） ・ – 毒性微数の決定	・ 8- 「防疫研究室」が陸軍軍医学校に新設される（石井四郎他数名の軍医、主幹梶塚隆二軍医） ・ – 石井四郎、中国東北部（満州）において細菌戦の研究を始める（隊員数約３００名） ・ – 「石井式濾水機」の試作品完成
・ 8- 化学戦教育のため陸軍習志野学校創設される ・ 12- 野外試験（満州チチハル） ・ – 青酸の毒性決定	・ 10- 近衛騎兵連隊の土地５千坪を譲与され、鉄筋ｺﾝｸﾘｰﾄ造２階建の「防疫研究室」が新築される ・ – 細菌戦研究が陸軍軍医学校の正式研究課題として取上げられる ・ – ハルビン背陰河に関東軍防疫班を設置する（通称：東郷部隊）

西暦（元号）	政治・経済		陸軍登戸研究所・陸軍中野学校関係
１９３４ （昭和９）	・ 3- 5　永田鉄山、陸軍省軍務局長に就任 統制派の進出開始 ・ 8- 6　陸軍省、関東軍による対満政策一元化のため在満機構改組案発表 ・10- 1　陸軍省「国防の本義とその強化の提唱」を配布、広義国防を主張 ・12- 3　閣議、ワシントン条約単独廃棄を決定（12-29 米国に通告）	前 期	
１９３５ （昭和10）	・ 5-11　内閣調査局設置 ・ 7-16　真崎教育総監罷免、皇道・統制派の対立激化 ・ 8-12　永田鉄山、相沢中佐に刺殺される		・ 7-30　**陸軍航空技術研究所設置**
１９３６ （昭和11）	・ 1-13　「北支処理要項」を決定 ・ 1-15　ロンドン軍縮会議からの脱退を通告 ・ 2-26　皇道派青年将校、高橋蔵相らを殺害（２・２６事件） ・ 5-18　陸・海軍省管制改正 ・11-25　日独防共協定調印 ・12-12　西安事件 ・12-31　ワシントン海軍軍縮条約失効		・ －　**研究所の憲兵科学装備器材の研究・開発の完結と整備に伴い、国内憲兵司令部・関東軍憲兵司令部・中支総軍憲兵司令部に器材の補給を開始する** ・12-　陸軍省内において情報勤務要員養成の議が決定される
１９３７ （昭和12）	・ 4-　防諜のため陸軍省に防衛課を新設 ・ 4-16　「対支実行策」「北支指導方策」を決定 ・ 5-14　企画庁設置（内閣調査局廃止） ・ 5-29　陸軍省、重要産業５ヵ年計画要綱を決定 ・ 7- 7　盧溝橋で日中両軍衝突（日中戦争始まる） ・ 7-28　日本軍、華北で総攻撃を開始 ・ 8-24　「国民精神総動員実施要綱」決定 ・ 9-10　「臨時資金調整法」公布 ・ 9-25　内閣情報部官制公布 ・10- 1　「支那事変対処要綱」決定 ・11-20　宮中に大本営設置 ・12-13　日本軍、南京占領	中 期	・春-　陸軍兵務局長阿南少将、秋草中佐らに科学的防諜機関の研究を命じ、「兵務局連絡機関」（ヤマ機関）という防諜専門の機関が誕生する ・11-20　大本営陸軍部第２部に第８課（謀略課）が設置される ・11-　**神奈川県橘樹郡生田村（現川崎市多摩区東三田地区）の拓殖学校跡地に用地を確保、「登戸実験場」と命名** ・12-12　**研究員の一部が移転し、研究を開始する** ・12-　情報勤務養成所設立準備委員事務所が陸軍省兵務局内に開設される
１９３８ （昭和13）	・ 1-11　御前会議、「支那事変処理根本方針」を決定 ・ 2-14　中支那派遣軍を編成 ・ 4- 1　「国家総動員法」公布（5-5施行） ・ 4- 2　「農地調整法」公布（8-1施行） ・ 5- 4　「工場事業場管理令」公布 ・ 6-15　御前会議、武漢作戦・広東作戦を決定		・ 4-11　「防諜研究所」新設に関する命令に基き、愛国婦人会本部別棟を借り上げ準備を始める ・ －　**稲田登戸の拓殖学校跡地で、出張所建設にとりかかる** ・春-　防諜研究所、第１回選抜試験実施 ・ 7-17　予備士官学校卒業生から１９名入校（第１期生）

化学（毒ガス）戦関係	生物（細菌）戦関係
・2-　野外試験（北海道において青酸の寒地試験）	・9-　石井四郎、「防疫研究室」の主幹となる
・10-　液体青酸の実用化研究	
・8-　科学研究所第２部組織改編（調査班は第１班、整備班・運用班は第２班、防護班は第３班、衛生班は第４班となる） ・ -　不凍イペリット制式化	・8- 1　〈陸甲第7号〉により関東軍防疫部（通称：石井部隊）ハルビンに編成される（防疫部長：石井四郎） ・8-　もう一つの細菌戦部隊、関東軍軍馬防疫廠（通称：高島部隊）が編成される（防疫廠長：高島一雄）
・7-　支那事変勃発、第１野戦化学実験部出動 ・8-　関東軍技術部創設（満州チチハル） ・10-18　毒ガスの充填のため、曽根兵器製造所が創設される〈軍令乙第30号〉 ・12-　第２野戦化学実験部出動 ・ -　青酸ガス制式化	
・7-　第３野戦化学実験部出動 ・11-　野外試験（海拉爾にて液体青酸の寒地試験）	・6-13　〈関参命第1539号〉により、ハルビン市郊外平房付近に特別軍事地域を設定

西暦（元号）	政　治　・　経　済		陸軍登戸研究所・陸軍中野学校関係
１９３９ （昭和14）	・ 4-25　関東軍「満ソ国境紛争処理要綱」を指示 ・ 5-12　ノモンハンで満・外蒙両軍衝突（ノモンハン事件の発端） ・ 7- 8　「国民徴用令」公布（7-15施行） ・ 9-23　支那派遣軍総司令部設置（南京） ・10-18　「価格等統制令」・「地代家賃統制令」・「賃金臨時措置令」公布 ・11-11　「兵役法施行令」改正公布 ・12-20　陸軍、軍備４ヵ年計画	中	・ 4-　**陸軍科学研究所登戸出張所となる（５棟余りの木造建築物、１科・２科の研究完成、３科の準備）** ・ 3-31　「防諜研究所」東京中野の旧電信隊跡の新校舎に移転(校舎完成5月) ・ 5-11　〈軍令陸乙第13号〉により、防諜研究所を廃止し、「後方勤務要員養成所」と改称 ・ 8-　**陸軍登戸研究所第３科、「法幣」の偽造を始める**
１９４０ （昭和15）	・ 7-26　閣議、「基本国策要綱」を決定（大東亜新秩序・国防国家の建設方針） ・ 7-27　大本営政府連絡会議、「世界情勢の推移に伴う時局処理要綱」決定（武力行使を含む南進政策決定） ・ 9-23　日本軍、北部仏印に進駐 ・ 9-27　日独伊３国同盟調印 ・11-13　御前会議、「日華基本条約案および支那事変処理要綱」決定 ・12- 6　内閣情報局官制公布(情報部廃止) ・ -　支那派遣軍の桐工作中止	期	・ 8- 1　参謀本部第２部に第８課（謀略担当）が設置される（大本営陸軍部は1937年11月に設置済） ・ 8-　ハルビン特務機関(対ソ情報収集)関東軍情報部として編成 ・ 8-　「陸軍中野学校令」が制定され、「陸軍中野学校」と改称される（秘匿名：東部３３部隊） ・ -　**陸軍登戸研究所第３科、ザンメル印刷機をドイツから購入** ・ -　**陸軍登戸研究所第１科、怪力光線研究開始**
１９４１ （昭和16）	・ 2- 1　ビルマの独立援助工作のための南機関設置 ・ 3- 3　「国家総動員法」改正公布 ・ 3- 7　「国防保安法」公布 ・ 3-10　「治安維持法」改正公布 ・ 4-13　日ソ中立条約調印 ・ 6- 6　大本営、「対南方施策要綱」決定 ・ 7- 2　御前会議、「情勢の推移に伴う帝国国策要綱」決定（対ソ戦準備、南方進出のため対米英戦辞せず） ・ 7-　関東軍特殊演習の目的で、満州に７０万の兵力を集中 ・ 9- 6　御前会議、「帝国国策遂行要綱」決定（対米英蘭戦争準備） ・ 9-11　防衛総司令部設置 ・10-18　国際スパイの容疑でゾルゲら検挙（ゾルゲ事件） ・10-18　東条英機内閣成立 ・11-15　「兵役法施行令」改正公布 ・12- 1　御前会議、対米英蘭開戦を決定 ・12- 8　ハワイ真珠湾空襲開始、太平洋戦争始まる ・12-10　マレー沖海戦	後 期	・ 5-　**陸軍登戸研究所第２科所員、南京の栄第１６４４部隊（支那派遣軍中支那防疫給水部）へ、合同人体実験のため出張** ・ 5-　**陸軍登戸研究所所員、シンガポール、マレーシア、インドネシアに現地指導のため出張** ・ 6-15　**陸軍技術本部、組織改編により本部機構と研究所とに分れる（陸軍科学研究所が無くなり、第１研究所から第９研究所ができる）** ・ 9-18　参謀本部第８課員藤原岩市少佐、中野学校卒業生らとマレー・シンガポール攻略戦に備えるための藤原機関（Ｆ機関）設立

化学（毒ガス）戦関係	生物（細菌）戦関係
・ 8-　関東軍技術部の化学兵器班が関東軍化学部（満州516部隊）として独立 ・ 8-　野外試験（メルコン付近にて青酸入兵器の試験） ・ -　ロケットガス弾の研究着手	・ 4-18　中支那防疫給水部（通称：多摩部隊）が南京に編成される（部隊長、石井四郎兼任） ・ 4-　北支那防疫給水部が北京に編成される ・ 6-20　関東軍第2防疫給水班を編成、前年から関東軍防疫部が平房に移転（通称：加茂部隊） ・ 6-23　ノモンハンにおいて、細菌戦を展開
・ 4- 1　陸軍兵器本部の創設（造兵廠・兵器本廠を併合統一） ・ 9-　ホロンバイルにて青酸の大規模放射試験	・ 5-　南支那防疫給水部が広東に編成される ・ 7-　華中寧波において細菌戦を展開 ・ 7-10　関東軍防疫部、関東軍防疫給水部と改称〈軍令甲第14号〉 ・12- 2　関東軍防疫給水部の編成改正〈関作命甲第398号其1〉 本部［ハルビン］組織：総務務、第1・2・3・4部、資材部、教育部、診療部 支部　牡丹江、林口、孫呉、海拉爾（ハイラル）
・ 6-15　陸軍技術本部研究所創設（科学研究所第1部は第7・第9研究所、第2部の主力は第6研究所、第1部の化学工芸班は第9研究所になる。第2部の航空関係は第3航空技術研究所に移管。科学研究所は解消）〈勅令第696号〉 ・10-　教育総監部内に化兵監部創設	・ 8-　華中常徳において細菌戦を展開 ・ 8-　関東軍防疫給水部、部隊名改称 秘匿名：本部　「満州第731部隊」 支部 牡丹江「満州第643部隊」 林口　「満州第162部隊」 孫呉　「満州第637部隊」 海拉爾「満州第543部隊」 （防疫給水部全体の秘匿名は、「満州第659部隊」） ・ 8-　中支那防疫給水部、部隊名改称 秘匿名：「栄第1644部隊」 ・ 8-　北支那防疫給水部、部隊名改称 秘匿名：「甲第1855部隊」 ・ 8-　南支那防疫給水部、部隊名改称 秘匿名：「波第8604部隊」 ・ 8-　関東軍軍馬防疫廠、部隊名改称 秘匿名：「満州第100部隊」 ・11-　石井四郎、第1回陸軍技術有効章受賞（石井式濾水機の発明）

西暦（元号）	政　治　・　経　済		陸軍登戸研究所・陸軍中野学校関係
１９４２ （昭和17）	・1- 2　日本軍、マニラ占領 ・1-23　日本軍、ラバウル上陸 ・2-15　シンガポール攻略 ・3- 1　日本軍、ジャワ島上陸 ・3- 7　大本営・政府連絡会議「今後執るべき戦争指導の大綱」決定（進攻作戦一段落後の方針を決める） ・4-18　米軍機、東京・名古屋・神戸などを初空襲 ・4-30　翼賛選挙（第２１回総選挙） ・6- 5　ミッドウェー海戦 ・6-　南機関解散 ・8-　陸海軍の協議による「決戦兵器考案ニ関スル作戦上ノ要望」作成 ・10-12　「南方占領地各地別統治要綱」決定 ・11- 1　大東亜省の設置 ・12-21　御前会議、「大東亜戦争完遂のための対支処理根本方針」を決定（対中国和平工作の廃止）	後	・3-25　岩畔機関設立（藤原機関の後を受け、編成も拡大強化される、機関員中の将校のほとんどが中野学校出身） ・4- 1　陸軍中野学校、参謀総長の隷下に入る ・6-　**第２回陸軍技術有効章、篠田所長と伴研究員の両名が受賞（特殊兵器の研究開発により）** ・7- 8　海軍技術研究所、物理懇談会設立（原子爆弾・強力電波の研究） ・10-10　**陸軍省官制改正** **陸軍技術研究所設置** **陸軍兵器行政本部設立** **「陸軍登戸研究所、第９陸軍技術研究所となる、兵器行政本部の管轄下となるが、命令系統は参謀本部第２部第８課に直結」**
１９４３ （昭和18）	・1- 9　汪兆銘政権との間に、「戦争完遂についての日華共同宣言、租界還付・治外法権撤廃等に関する日華協定」締結 ・1-21　「中等学校令」改正公布（教科書を国定化） ・2- 1　日本軍、ガダルカナル島撤退 ・3- 2　「兵役法」改正公布（朝鮮に徴兵制を施行） ・5-12　米軍アッツ島に上陸 ・5-31　御前会議「大東亜政略指導大綱」採択（マレー・蘭領インドの日本領土編入、ビルマ・フィリピンの独立を決定） ・6-25　「学徒戦時動員体制確立要綱」を決定（本土防衛のための軍事訓練と勤労動員を徹底） ・8-20　「科学研究ノ緊急整備方策要綱」決定（科学研究は戦争遂行を唯一絶対の目標とする） ・10-12　「教育ニ関スル戦時非常措置方策」を決定（勤労動員を年間1/3実施） ・10-30　汪兆銘政権との間に「日華同盟条約」締結 ・12-21　「都市疎開実施要綱」決定	期	・5-16　光機関設立 ・8-　**陸軍兵器行政本部より、「ふ」号爆弾（風船爆弾）本格的研究開始の命令下る** ・9-　海軍に風船爆弾の研究命令が発せられる（相模海軍工廠と海軍気象部との共同研究） ・9-　陸軍中野学校に遊撃戦要員入校 ・11-　**風船爆弾の試作品完成** ・　-　陸軍 、火薬ロケット砲を試作 ・12-　**陸軍登戸研究所第２科所員、上海特務機関へ人体実験のため出張（翌年１月までの約１ヵ月間）** ・　-　**陸軍登戸研究所に弥心神社（発明の神社）と動物慰霊碑を建立する**

化学（毒ガス）戦関係	生物（細菌）戦関係
・10-10　陸軍兵器行政本部創設 兵器行政本部直属の第6技術研究所と改称	・3-26　南方軍防疫給水部、シンガポールに編成される（秘匿名：威第９４２０部隊） ・4-　ソ満国境ハイラル近郊で、関東軍化学部（満州５１６部隊）と合同で青酸ガスによる人体実験を実施 ・8-1　関東軍防疫給水部部隊長、石井四郎から北野政次に交代（石井四郎、第１軍軍医部長に転任） ・8-　淅贛作戦において細菌戦を展開
・4-　新毒物の研究促進	・10-　安達特設実験場を設置

西暦（元号）	政治・経済		陸軍登戸研究所・陸軍中野学校関係
1944 （昭和19）	・2-25 閣議、「決戦非常措置要綱」を決定 ・3-7 学徒動員通年実施決定 ・3-8 インパール作戦開始 ・5-16 文部省「学校工場化実施要綱」決定 ・6-19 マリアナ沖海戦 ・6-30 国民学校初等科児童の集団疎開を決定 ・7-11 国民学校高等科・中学校低学年生の動員を決定 ・7-18 東条内閣総辞職 ・8-5 大本営政府連絡会議、最高戦争指導会議と改称 ・8-19 最高戦争指導会議、「世界情勢判断」および「今後採るべき戦争指導大綱」を決定 ・9-5 「対重慶政治工作実施に関する件」を決定 ・9-28 「対ソ施策に関する件」を決定 ・10-10 米機動部隊、沖縄を空襲 ・10-18 「兵役法施行規則」改正公布（17歳以上を兵役に編入） ・10-18 大本営、フィリピン方面に陸海軍の主力を集中し、決戦を行なうことを決定 ・10-24 レイテ沖海戦	後 期	・2- 千葉県一宮にて風船爆弾の大規模な試験実施 ・4- 太平洋横断の気球攻撃（風船爆弾）作戦を陸軍が正式に取り上げる ・5- 第10陸軍技術研究所設立 ・8- 陸軍中野学校、静岡県に二俣分校開校（遊撃戦戦士の養成） ・9- 陸軍登戸研究所、地方疎開を決定 ・9-8 風船爆弾による米本土攻撃を任務とする気球連隊の動員令が発令される（気球連隊本部：茨城県大津） ・秋- 風船爆弾用ラジオゾンデの比較実験を長野県上諏訪で行なう ・10-25 大本営から気球連隊に対して風船爆弾の攻撃実施命令が出される ・11-3 千葉県一宮海岸より風船爆弾がアメリカ本土に向けて放球される ・11-7 千葉県一宮、茨木県大津、福島県勿来より風船爆弾がアメリカ本土に向け放球される（翌年4月まで） ・11- 陸軍登戸研究所、疎開を開始する 「第1科の一部は兵庫県氷上郡小川村、本部・第2科・第4科と第1科の一部は長野県上伊那地方、第3科は福井県武生村へ疎開を開始」
1945 （昭和20）	・1-18 最高戦争指導会議、「今後採るべき戦争指導大綱」を決定（本土決戦即応体制確立） ・1-25 「決戦非常措置要綱」を決定 ・2-16 米軍機、関東各地を攻撃 ・2-19 米軍、硫黄島に上陸 ・3-10 東京大空襲（死傷者12万人） ・3-18 「決戦教育措置要綱」を決定（国民学校初等科以外の授業を4月から1年間停止） ・4-1 米軍、沖縄本島に上陸 ・5-22 「戦時教育令」公布（全学校・職場に学徒隊を結成） ・6-8 天皇臨席の最高戦争指導会議、本土決戦の方針を決定 ・7-10 国務指令室設置 ・8-6 広島に原子爆弾投下 ・8-8 ソ連、対日宣戦布告 ・8-9 長崎に原子爆弾投下 ・8-14 御前会議、ポツダム宣言受諾 ・8-15 日本無条件降伏、太平洋戦争終了		・3- 陸軍中野学校、中野から群馬県富岡に疎開する ・3- 陸軍登戸研究所本部・第1科・第2科・第4科、長野県上伊那地方に疎開完了 「本部（総務部門）宮田村真慶寺 本部（研究部門）・第1科・第2科・第4科中沢国民学校」 ・5- 陸軍登戸研究所第1科草場少将他長野県北安曇郡に疎開（強力超短波の研究） ・8-15 陸軍登戸研究所、陸軍省軍事課「特殊研究処理要領」により解体 ・8-16 陸軍登戸研究所、中沢国民学校において解散式 ・10-3 篠田所長・草場第1科長、GHQ本部の第一生命ビルでモーランド調査団の査問を受ける ・10-5 米進駐軍、松川国民学校接収 ・10- 米進駐軍、中沢国民学校接収

化学（毒ガス）戦関係	生物（細菌）戦関係
・2-　戦時研究制度創設 （決戦兵器として新毒物の要望が大となり、第6研に戦時研究員を設置） ・9-　第6技術研究所及び人員の疎開を開始する 「主力は富山県伏木」	・4-　陸軍防疫研究室、新潟県と千葉県に疎開を始める 「疎開先 新潟出張所（旧新潟競馬場） 所長　大科達夫軍医少佐 千葉出張所（中山競馬場）」 ・ -　内藤良一防疫研究室長と金子順一軍医少佐らが陸軍登戸研究所と合同で、風船爆弾に使用する「経度信管」の研究を開始する ・ -　石井式細菌爆弾完成
・3-　研究所に対して決戦準備を指示 ・8-15　第6技術研究所疎開先 将校技師約80名 総員約700名 本部（戸山ヶ原）約250名 高岡出張所（富山県伏木）約200名 米沢分室（山形県米沢）約100名 五泉分室（新潟県五泉）約40名 赤城分室（群馬県沼田）約50名 吉浜分室（神奈川県湯河原）約60名 西宮分室（兵庫県西宮）4名 その他、埼玉県与野・石川県西海に小竹教授研究室疎開	・3-1　石井四郎が部隊長に復帰 ・5-　関東軍防疫給水部、秘匿名を満州第25202部隊と改称 ・5-7　重要設備の通化への移転開始 ・6-15　「ペスト」防疫隊を大連衛生研究所に編入 ・8-13　本部を破壊、全員脱出 ・8-15　陸軍省軍事課「特殊研究処理要領」により解体

「日本における生物化学兵器の歴史について」

立教大学教授　粟屋憲太郎

1　昭和天皇と『独白録』

ご紹介いただきました、立教大学の粟屋でございます。

今日は、赤穂高校平和ゼミナールと法政二高共著の『高校生が追う陸軍登戸研究所』の出版記念講演会にお招きいただいて、たいへん光栄だと思っております。

この本を読ませていただいたんですけれど、高校生がここまで調べるものかということで、実をいうと、大変びっくりしているところでございます。

木下先生はじめ、渡辺先生のご指導もあったことと思います。けれども、今の高校生が、陸軍登戸研究所、9研[1]のですね、研究をやっているということで、非常に質が高いものです。直接地域の方のヒアリング、聞き込みをやっているということで、しかも、自分たちの語り口で書いてあるということ、あるいは、自分たちの素直な意見を書いてあるということで、私は非常に感銘いたしました。

私も、細菌戦、化学戦（毒ガス戦）ということに関しては、一度、立教大学の3年生のゼミでやったことがあるんですけれども、ここまで執念をもってゼミができたかと思いますと、今更ながら反省しているところであり

ます。むしろ、大学生の水準にも迫っているのではないかと、迫っているより、かえって進んでいるんじゃないかと思いますね。

そういうことで、非常に私はこれを見てびっくりしました。これを見れば、だいたい陸軍登戸研究所が何をやっていたか、明らかになりますし、そういう意味で非常に有益な本ではないかと思います。

今日のために作られた、この資料集[2]ですね、私の論文も引用してもらっているわけですけれども、非常によく整理されたもので、短時間によくこれだけのものを作成されたと思うんです。まだお求めなっていない人は、是非、入手していただきたいと思います。と言うのも、私がこれから話すことも、ここに書いてあることを読んでもらえば、あえて聞かなくてもいいような点も幾多ありますので、これをお求めになっていただきたいと思います。

今、木下先生の方から私の本の紹介がありましたが、「昭和天皇独白録」というものがですね、去年〔90年〕の11月か12月ごろでしたか、『文藝春秋』に掲載されまして、最近、本になりました[3]。

私たちもその重要性を考えて、『徹底検証・昭和天皇独白録』という本を出しました[4]。

人によって反応はいろいろあると思うんですけれども、最近、昭和天皇の資料が出てきまして、昭和天皇の実像というものが、かなり明らかになってきているので

はないかと思います。

私たちが、あそこで推測していた『独白録』というのは、占領軍に渡すためのものであったのだろう、ということは今度の『寺崎日記』で明らかになったことであります。

それとともに、いろんな人が述べておられるんですけれども、例えば私の友人のオーストラリア国立大学におります、ギャヴァン・マコーマックという人が、『みすず』という出版社の雑誌の3月号に書いております。

昨年翻訳されました、朝鮮戦争の彼の本である『侵略の舞台裏』という本があります[5)]。その中で、「米軍が細菌戦を、朝鮮戦争でやったのではないか」と、彼はかなり慎重な判断をしております。

そのギャヴァンが、こういうことを言っています。私たちも言ったんですけれども、「あの『独白録』というのは、天皇が述べていることとともに、述べていないことにも着目する必要がある」、と。

ギャヴァンが言うには、「天皇は知っていたはずにもかかわらず、沈黙を選んだ。もろもろの事犯についての深刻な問題が提起されている。例えば、特に天皇の名においてなされた、南京大虐殺に代表される1937年の中国での日本軍の行動について、天皇は知っていたにちがいない。同じく、少なくとも公式的には、化学兵器や細菌を使った戦争技術の開発のために始められたとする軍の活動、とりわけ石井四郎の総指揮のもとにあったハル

ビンや中国の各地における施設への資金・資材、人員の両様によって、天皇は知っていたはずである。統帥権を有する者としてのみならず、科学者としても天皇は、たとえ中国での毒ガスや細菌を使った戦闘の細部や、有名な捕虜の人体実験を知っていたか否かを問わずとも、戦争遂行の手段における科学上の飛躍的な進歩の達成に強い関心を抱いていたと想像できる。意義深いことに、東京裁判での審議から除外されたふたつの主要な事柄。ひとつは化学・細菌戦であり、もうひとつは天皇の役割であった」。

こういうふうに、彼は言っているわけでありますけれども、ついつい私たちはあの座談会でこの問題をとりあげるのを忘れていたので、ギャヴァンの言葉を紹介させていただいたわけであります。

2　湾岸戦争と化学兵器

さて、生物化学戦ということでありますけれども、赤穂の高校生、あるいは法政二高の高校生が、これだけいい仕事をしてくれたということは、単に一部分のことではなくて、実はこれは国際的につながっていることなんだと、国際的な研究者達の関心とも深くつながっていることだということを、ご紹介したいと思うんです。

実はですね、日本でもあの有名な森村誠一さんの『悪魔の飽食』がありますけれども、今まで化学戦を研究する人とか、あるいは細菌戦を研究する人たちって、皆バ

ラバラにやっていたんですね。それがようやく、単に研究者だけでなく、ジャーナリストを含めてシンポジウムを開こうということで、昨年の秋に、「BC兵器研究会」というものができまして、昨年の12月に国際シンポジウムを開きました。そして、今年の7月の6日と7日に再び第2回の国際シンポジウムを開きます。

その呼び掛けには、次のようなことが書いてあります。

「今回の湾岸戦争において、日本でも生物化学兵器に対する気運が高まった。生物化学兵器が恐ろしい兵器であり、かつ、非人道的な兵器であるから使用すべきでない、という意見がマスコミにもしばしば登場した。しかし、日本がその生物化学兵器を、かつて、アジアで使用したことには、ほとんど触れられることがなかった。これは日本における歴史認識の稀薄さ、薄さとともに、生物化学兵器に対する理解の不十分さを示すものである。今回のシンポジウムは、昨年の第1回シンポジウムをふまえて行われるものである。今回は今年の9月の『生物毒素兵器廃止条約』の再検討会——これは国際会議であります——に向けての、日本政府に具体的提起・提案を第一の目標とする。しかし、たとえ浅い理解とはいえ、生物化学兵器への関心をふまえ、第2次世界大戦でそれら兵器を使用した日本で、『化学兵器廃止条約』締結のための具体的提案をめざす」。

ということで、今回は日本だけでなく、ソ連、あるい

は被害を受けた中国側の研究者、あるいは、ドイツの研究者、アメリカの研究者などが来て、生物化学兵器の歴史と現状について、国際シンポジウムを開きますので、もし興味のある方は私の方に言っていただければ、詳しい内容をお教えいたします。

ようやく、こういうところにこぎつけたわけでありますけれども、実はですね、日本のアカデミズムで、こういう研究をしている人は非常に少ないんです。むしろ歴史家の中では、「そんな細菌戦だとか、毒ガス戦なんてやるのはジャーナリズムの後を追って、学問じゃない」と、そういう事を言う東大の教授もいます。

あるいは、同じアカデミズムの――私は東京裁判を専門としているんですけれども――「戦争なんて問題は学問の対象にならない」。そういうことを言って、批判してくる人もいます。

ですから、私たちはそのアカデミズムというのは、ともすれば今、業績主義に傾いて、こういうシリアスな問題というものを、なかなか取り上げようとしない。そういう中で、やはり研究者だけで集まるのではなくて、ジャーナリストの人たちも集まるし、いろいろな人が集まって、こういう問題を研究した方がいいんじゃないかと思うわけです。

それと、湾岸戦争が始まった時に、私のゼミの学生からも言われたんですけれども、「急に軍事評論家が出てきて、あの人達は普段何をして食べている人たちです

か」、ということを聞かれて私も困ったんですけれども、日本もようやく、最近、大学で「平和学」ということが研究されてくるようになりました。しかし、「平和学」をやるためには、兵器についての知識を持つ必要があるんですね。ところが、やっぱり「軍事学」ということになると、日本の大学では防衛大学を除いて、やっているところはほとんどない、という状況でありまして、そういう「軍事学」も含めてやる必要がでてくると思うわけです。

それと今、国際シンポジウムと言いましたけれども、やはりこれは、外国人の研究者やジャーナリストに、「日本はかつてやったではないか」、「それを全然明るみに出さないじゃないか」、というようなことを言われるだけだったら、私たちとしては立つ瀬がない。やっぱり日本人が戦争の被害を語るだけでなく、かつての日本軍の加害の事実を語る必要があると思います。

そういう意味で、アカデミズムでは今すぐに歓迎されるテーマではないと思いますが、私たちはやはり努力して、深めていきたいと思うんですね。

これは余談になりますが、春休みに学生たちと韓国に行って参りました。韓国で板門店にも行って参りましたし、独立記念館というところにも行って参りました。これはすごいですね。日本人なんか、なかなか入れない。ろう人形で、いかに日本の警察や憲兵が拷問したかとか、いろいろ出ております。

で、私たち日本人の学生の集団がいくと、「イルボンなんとか」とか、「日本人のやつらだ」とか、韓国の人たちもあの記念館にいると、だんだん日本人憎しになってくるんですよね。そういう片隅に「731部隊」の写真がありました。実は、数は少ないんですが、朝鮮人も「731部隊」の犠牲になっているという事実があるわけです。この問題は韓国では取り上げません。北では取り上げますけれども。朝鮮戦争における、米軍の細菌戦の問題ということがあるわけですね。

湾岸戦争の時に、毒ガス戦に関して――あまり私は現状をやっていないんですけれども――TBSの取材を受けまして、「最初にイラクが使った」と、記者がとんできて、どう思うかとインタビューされました。そうこうしているうちに、どうもあれは誤報だということがわかったんですけれども、「今度イラクがやった時のためにインタビューをとらせてください」と言う、かなりいいかげんな取材だったんです。

私はいろいろあると思いますけれども、「やはりそう容易にはイラクは使えないだろう」と。というのは毒ガス兵器、例えば「イペリット」だとか、最近の「神経ガス」もイラクは持っているようでありますが、それをやった場合に報復が怖いわけですね。アメリカも完全に報復すると明言しておりました。しかし、私がもうひとつ憂慮していた石油爆破、油田爆破というのは、不幸にしてあたってしまったわけです。環境破壊の問題が出て

来ているわけであります。

で、今、停戦が一応形式的になったといっても——米ソの間の冷戦状況はなくなったけれども——むしろ紛争の構造というのは、第3世界で高まっているわけです。そういう中でのBC兵器は、「貧者の核兵器」と言われております。

核兵器を開発するには、莫大なお金がかかるのですが、「貧者の核兵器」と言われているBC兵器ですと、比較的簡単に製造ができるという問題があります。そのため、拡散するのではないか、という危険性が常にあります。

だから、先程も言いましたように、私たちが、この「生物毒素兵器廃棄条約」というものを、是非、実現させなければならないと思うわけであります。核兵器の廃絶は、もちろんでありますが。

「ABC兵器[6)]」と言いますけれども、最近の湾岸戦争を見ても、「気化爆弾」なんていう、通常兵器にもすごいものがあります。ですから、「ABC兵器」だけを廃棄すればよいというわけではないのです。毒ガスでもそうですが、もしイラクが使ったとしても、戦闘部隊は防護が出来ていましたから、たいした被害には遭わなかったと思うのですが、一般市民には非常に多大な被害を与えたと思います。

そういう危険性があることなんですね。「神経ガス」ということになれば、非常に微量な量で、即死するわけ

です。しかも、「神経ガス」の中には、現在の医療では、それを治療できないガスがあるわけです。そこまで、進んでいるのです。あるいは、生物兵器の場合では、バイオの遺伝子組替えを利用して、新たな病原菌を作り出す、といった社会的な問題もあるわけです。

そういうことから言っても、この問題というのは、私たちが生きていく上で、非常につながっている問題なのです。

これからの平和を考えていく上で、「BC兵器」の問題というのは、非常に大事な問題なわけです。その問題に取り組むためには――外務省もそうですが――、実は、未だにですね、日本がかつて細菌戦と毒ガス戦を、中国を中心にやっていたことは、公式に認めていないのです。これだけ明らかになっても……。

しかし、日本人は、かつて〔細菌戦や毒ガス戦を〕行なったという反省をもとに訴えなければ、私は説得力がないと思うのですね。そういう意味で、今後の問題があると思うのですけれども、この高校生たちが調べてくれたことというのは、決して小さな動きではなく、日本のそういう動きだとか、国際的な問題につながっていたりして、現在の状況において、一番緊迫した問題であると思うわけです。高校生がこのような仕事ができたことを、私としては大変高く評価したいと思います。

3　日本における生物化学兵器の歴史

それでは、かつての日本軍の細菌戦あるいは毒ガス戦について、簡単に説明していこう思います。

私は、実は細菌戦の専門家ではありませんので、あまり大したことは明らかにしていないわけではありますが、私は東京裁判の研究者でありますので、東京裁判の中でひとつだけ明らかにしたいことは——赤穂高校平和ゼミナールの人たちもお会いになったかと思いますが、常石敬一神奈川大学教授が、もう明らかにしたことでありますけれど——、細菌戦実施部隊のひとつに、南京にありました「1644部隊」、「多摩部隊」ですね、ここにいた人が証言しています。

この人は、戦後、自供しているわけですが、コレラやチフスやペスト、赤痢などの伝染病の細菌を製造し、これらの細菌を、1942年の6月から7月にかけて、浙江省金華を中心とした地域に散布したことを証言しています。

この人は、「中国側の被害が甚大であったとともに、中国軍の撤退が急であったために、進軍する日本軍が散布した地域に進出し、小休止または宿泊した結果、飲料水、食事などに付近の水を使用したため、多数の伝染病患者を出した」、と言っています。中国人だけでなく、日本軍にも被害が出たわけであります。

「悪性猛烈なる病原菌を敵陣地後方に散布して、人工的に伝染病を猖獗《しょうけつ》盛んにせしめ、敵軍を倒し、士気を喪

失せしむるを目的としているもので、一般住民に対しても、すこぶる効果を及ぼす非人道的な行為である」というわけで、この人は自ら、内部告発しているわけです。

こういう証言は、最近、中国で出版された『細菌戦と毒ガス戦』という厚い資料集の中にも出てきます[7)]。この中には、戦後、抑留された日本軍人たちの証言も入っています。これは、近々、翻訳される予定であります[8)]。私は最初、アメリカの資料を中心にしてやっていたわけでありますけれど、中国側からも資料が出てくるようになりました。

日本の問題は、地域からだんだん、国家のレベルで、国際のレベルに目を転じていかざるをえない。ですから、最近よく言われているように、国際化が必要だと言われますけれども、単に海外旅行するだけでなく——それもいいんですけれど——やっぱり、日本の歴史をこういう形で明らかにすることが、真の国際化につながるひとつの作業ではないかと、私は思うわけであります。

4　帝銀事件と細菌戦部隊（『甲斐メモ』より）

実は細菌戦で、この本では書かれていなかったということで、これは先程、木下先生にお聞きしましたところ、「実は自分たちも読んではいたのだけれど、ある事情があって、この部分は本から全部削りました」、という問題であります。

帝銀事件とのつながりであります。皆さん、このこと

をあまり知っている人はいないんじゃないかと思いまして、少し資料紹介に時間をとって、ご紹介してみたいと思います。

若い方は「帝銀事件」なんて、知らないですよね。1948（昭和23）年の1月26日に発生した帝銀事件。帝国銀行——今の三井銀行〔現：三井住友銀行〕のことなんですけどね——椎名町支店、これは立教大学に近いところなんですよ。

椎名町支店に1人の男が現れ、「近所で集団赤痢が発生したので、予防のため」と言って、銀行員に「ファースト・ドラッグ」「セカンド・ドラッグ」と言って、2回飲ますわけですけれど、青酸系の毒物を飲ませて、16人中12人を殺害した事件です。

それで、私は過去に1度、書いたことがありますが、このときの警視庁捜査一課係長に、甲斐係長という人がいます。私は彼の捜査記録の写しを持っております。

最終的には、平沢〔貞通〕が被告として裁かれて、死刑の判決を受けるわけでありますが、しかし、この捜査記録を見ると、帝銀事件が発生すると、警視庁の捜査官の間では、犯人は旧軍関係者の声が強くて、はじめは青酸を扱った「陸軍習志野学校[9]」と、「第6陸軍技術研究所[10]」——これは、「6研」と言います——の関係者を容疑者として、後には、捜査対象は、「731部隊[11]」——細菌戦部隊ですね——あるいは、「第9陸軍技術研究所」——陸軍登戸研究所です、「9研」と言います——あるいは、

スパイの養成をした「陸軍中野学校」[12]の関係者に移っていくわけです。

この捜査の中で、習志野学校や6研関係者が、「青酸毒物を中国人に飲ませて、致死量や死ぬまでどのくらいかかるか、というようなことをやったんだ」ということを、かなり素直に話しています。

それで、731部隊長の石井四郎はですね、後でまた紹介しますが、「この事件の犯人は、俺の部下に間違いない」、と証言しているんですね。

だから、帝銀事件は今となっては、私はだれが真犯人ということは言えませんけれども、どうも平沢一人、あるいは彼が――テンペラ画家ですよね――そんな化学の問題で、遅効性の青酸系毒物――普通だったら、「青酸カリ」って飲んだらすぐ死んじゃうんですよ、すぐ死んじゃまずいんです、少し効果が遅れないとまずい、遅効性の……、ですから2回薬を飲ませるわけですね――で、そうこうことができたかどうか、ということに私は強い疑問を持っています。

それで、この『甲斐メモ』と言いますけれど、一部だけご紹介します。

この捜査記録を見ると、この事件の捜査対象というのは、はじめから旧軍関係者なんです。後で、急に平沢が出てくるんですよね。平沢さんがね……。

最初は毒ガス関係者。陸軍習志野学校というのが千葉にありましたけれども、そういう関係者と、毒ガス専門

研究機関でありました、第6陸軍技術研究所の関係者なんです。

要するに刑事たちも、「これは軍関係で、外地で毒殺した体験のある者しかいない」、と言うようなことを述べております。

こういうことがいろいろありますが、今日はあまり実名をあげませんけれども、Iという人は最初に出てくるわけですが、「青酸の毒物の動物実験は国内でやっていた。人体実験は『満州』でやった」、と言うような証言をしています。人を殺すようなこともあるということです。

陸軍習志野学校では、化学（毒ガス）戦の教育のために作られた学校ですが、最後には、青酸毒物を主に扱っていたところであります。いろいろな人の名前が出てくるわけなんですが、最初、6研の人たちが「満州」に「561部隊」、「関東軍化学部」というものがありまして、青酸系のものを大々的にやっていたということなんですね[13)]。

青酸の効力を少なくする研究では、「陸軍軍医学校で、中和剤をあらかじめ飲ませておいて、青酸を後から飲ませ、青酸の効力を逆に減らすようなことをやっていた」、ということが書いてあります。

「満州」の人体実験——これも「6研」関係者であります——では、「『チェンバー』と言うガラス張りの建物を作って、スイッチを入れると、青酸ガスが出てくる仕掛けとなっている。ガスは上空に発散して、人間には荷札

をつけて識別し、番号の付いた人間を、『1の札、何分』『2の札、何分』と、外で見ていて、死ぬまでの時間を計測した。このようなことを、捕虜を使って、かなり大量にやった」、こういうことを言っております。

また、ある人物——これは、登戸研究所の関係者ですが——は、効果のありそうな毒物を、直接、外地に持って行って試験している。登戸研究所は「満州」ではなくて、「中支」ですが。その人物は、「浮浪者、軍に反抗した者を相手に1人1人やった。酒に入れたり、水に入れたりして飲ませた。青酸0.2g、これ〔致死量〕は人によって違う。飲まないと、無理に飲ます。死体の変化を、その場で解剖して見た」、というようなことを述べております。

あるいは、「〔登戸研究所の所員〕7人で中支へ行き、1644部隊の本部である南京の病院で、支那人の男を30人位試験した」、というようなことも述べております[14)]。

私は前に、こちら出身の本多勝一さんと一緒に南京事件の調査をしたことがあります[15)]。そのときにそこへ行ったのですが、現在は病院として建物が残っているんですね。私は、「是非、中へ入りたい」と言ったのですが、ダメだったんですね。系統が違うということで、見せてもらえなかったんです。

ここで使われていた毒物は、「青酸カリ」「青酸ニトリール[16)]」「アマガサヘビの毒」「ハブの毒」など、いろいろな毒物が使われています。「青酸カリはたくさんやっ

た。完全に死ぬまで注射3分、飲ませて5分から10分、心臓が止まるまで10分」、こういうことを言っています。

また、この7人は南京から上海に行っても同様な実験をやっております[17)]。特務機関と一緒にやっております。特務機関でも、いろいろ中国人についてやっているわけであります。これには、南京と同様に、登戸研究所の元少佐が立ち会っています。

また、ある9研の関係者は、「腸が悪く下痢しているときは実験をやらず、健康な人を選んでやる。捕虜は少数であった。飲ませ方は、青酸カリの場合、紅茶・お茶・ウィスキーに入れる、その他、仁丹の中に混ぜる。1人が飲ませて、1人がストップウォッチを押す」。

そして、「青酸カリはタメだった」と言っています。「青酸カリは味があり、嘔吐する。反応が早すぎる。9研では、飲ませて3日たってから死ぬ毒薬が目標だった」。要するに、〔登戸研究所では〕遅効性の青酸系の毒物を開発していたわけであります。

先程の元少佐、この人は登戸研究所でも重要な地位にいましたし、中野学校でも教官をしていました。

この人が言うには、「帝銀事件で使用された専物は青酸（カリ）ではないんだ」と、「すぐ効くのは、青酸カリとヘビ毒である。遅効性は主として細菌が多い。青酸ニトリールは青酸と有機物の合成に、9研が特殊な物を加えて作った」。

この方は、最初は帝銀事件の毒物は、「青酸カリではなく、青酸ニトリールではないか」、ということを述べています。「青酸ニトリールの場合だと、3分から8分たつと、青酸が分離して殺す」、ということであります。

先程、木下先生が紹介しているように、注射、万年筆のようなもので、キャップをとると針が出る。針で服の上から指すような仕組みになっている。それは、主としてハブの毒で、「一呼吸で倒れる」、というようなことが書かれている。「針を抜かないうちに倒れる。死体はすぐに解剖して、研究の材料にした」、というようなことを述べております。

この方は事件に関係して、「青酸カリは匙加減によって、時間的に経過させて殺すことはできぬ。私にもしさせれば、青酸ニトリールでやる」、と言っているわけです。

ところがこの方は、最初は、「青酸ニトリールである」と言っていたんですが、なぜか後になって、法廷では「あの毒物は青酸カリだ」、と証言を変えた方です。

そういうことで、帝銀事件というのは、非常に謎があるわけです。

後は、陸軍中野学校の人ですね。それと、石井四郎。これは、4月27日に言っています。「俺の部下にいるような気がする。君らが行っても言わぬだろう。いちいち俺のところに聞きに来る」、ということを言っています。この段階では、「俺の部下〔731部隊員〕が、やったん

だろう」、ということを石井四郎は言っています。

あるいは、当時、「『有末機関』[18]がGHQと連絡して、731部隊の戦争責任を免責するために、そして、情報をアメリカに渡すために動いていた」、ということも述べております。

ちなみに、『昭和天皇独白録』では、「有末は、あまりにも戦後は、変り身が早かった。昔は3国同盟派で、日独伊3国同盟の一番推進派だったのが、戦後はすぐに米軍と仲良くなってしまった」、ということで、天皇は怒っているわけですね。

5月4日に石井四郎は、青酸カリによって死ぬ時間の相違を述べています。すなわち、「青酸も量の大小で違う。個人差があって一定せず、0.1gか0.2gを飲ませれば、ふらふらする。0.5gから1gの間だと、死ぬまでの時間が違う。1g飲ませれば、1分以内に百発百中だ」……と。

北京の特務機関では、チョコレートを使って実験を行なったが、あまりうまくいかなかった。というようなことが述べられています。この本〔『高校生が追う陸軍登戸研究所』〕でも、毒入りチョコレートの話が出てきますが、要するに、「チョコレートの色でわかるようになっていた。赤が無菌であった」、というようなことを証言しているものもあります。

これも中国人を使った実験ですけれども、「毒を飲ませるときは自然にして、相手側に疑心を起させぬ方法でやった。例えば、コーヒー・紅茶に入れて、あらかじめ

毒の入ってないコーヒーなどを飲んで、『大丈夫だから、君もやれ』という方法をとった」、というようなことも書いてあります。これは、「中国人は昔から毒薬についての知識を持っており、自分から先に飲む習性がないから」、というようなことであります。

それと実は、敗戦直後、駒ヶ根の地域にも、処分のために農地に青酸を埋めたようであります。そのため、「危なくて、農民が近づかない」ということが、『捜査日誌』に出てきます。

駆け足で紹介してきたわけですが、帝銀事件の捜査では、細菌戦・毒ガス戦の旧軍関係者という人たちが、かなり率直に人体実験のことを喋っている、ということがこれで明らかになります。

5　日本の化学戦（毒ガス戦）

次に、どちらかと言えば、私は化学戦（毒ガス戦）の方が専門をわけですが、専門といっても、実はこんなこと、はじめからやるつもりはなかったんですよ。

私は東京裁判の研究者で、1983年にワシントンに行って、資料を捜していてですね、たまたまおかしいぞ、と思って捜して出てきたのが、『支那事変ニ於ケル化学戦例証集』というもので、日本軍が日中戦争のとき50数例やった毒ガス戦の実態が、地図入りで出てきたんですね。[19)]

それが、この資料集にも紹介されていますけれど、大

きく新聞に出てから、発見しちゃった以上、それなりにフォローする責任があると思って、今までやってきたのですが、もともと私は大学の文学部の出身でありまして、そういうことから言えば、常石さんは理科系の出身ですから、間違いないんですが、私自身は毒物そのものについての専門性はありません。ただ、日本の毒ガス戦が、どういう構造で行なわれたか、ということについては明らかにしたんではないかと思います。

私は日本側の資料も、あるいはアメリカの資料も、中国の資料も集めました。資料を集めているだけでなく、時々、ガスマスクのようなものも集めています。今日も、ロンドンへ資料調査に行ったときに古道具屋で見つけました、ガスマスクを持ってきたわけであります。

毒ガスの種類には、どのようなものがあるかと言いますと、〔『資料集』の〕2頁に出ています。これを見ていただければいいわけですが、その中の毒ガスの王様と言われていますのが、「イペリット」――「マスタードガス」と言われているものです。

最近では、それより効果が大きい「神経ガス」というものが開発されたり、あるいは、「バイナリー」といったようなものが開発されたりしています。要するに、バイナリーと言って、砲弾の中が2つに分かれていて、片方だけでは毒性がないんです。ところが、弾で撃つと急にそれが混合して毒になる。ですから、普段保存しておくとき、非常にいいんですよね。そういうものまで、開

発されているわけでありますけれども、一応、毒ガスの王様というのは、イペリットだと、いうようなことでありまして、イラクがイランのクルド族に対して使用して、5,000人死んだとも言われておりますけれど、あのとき使ったのが、神経ガスとイペリットであります。

このイペリットの状況につきましては、実は、オーストラリアのドキュメンタリー、あるいは最近来ている「アンボンで何が裁かれたか」というBC級裁判の映画。この映画は非常に良いと、オーストラリアの友人に言われております。

実は、オーストラリア軍による第2次世界大戦中の毒ガスの人体実験の模様を映したフイルムが記事になりました。朝日が記事にしたわけでありますが、オーストラリア軍は、ニューギニアで日本軍と戦っていて、日本軍の毒ガス――イペリットを見つけた。日本軍にやられてはかなわないということで毒ガスの実験をする。兵士の人体実験をするわけです。

毒ガスのチェンバー〔部屋〕に兵士を入れて、防毒マスクだけで、あとは普通の兵士の格好でやるんですよ。それを、ちゃんと映してあるんですね。イペリットを使ったために、出してみると、汗のところなど、びらん性のただれができているんです。あるいは、変な話ですが、性器のまわりにですね、びらん性の水泡ができるわけです。そういう兵士たちが、戦備訓練をさせられている映画なんです。

そういう映画で、これはむこうの言葉で「Keen as Mustard」——マスタードガスのすごさ、というような意味ですね。

9研というと、毒ガスも扱いましたけれど、細菌戦の方が主なわけでありますけれど、細菌戦というのは、1949年ソ連のハバロフスクで「ハバロフスク裁判」というのが行なわれまして、731部隊だとか他の細菌戦部隊関係者が捕まりまして、その公判記録がですね、翌年に日本語に翻訳されて出版されました[20)]。

だいたい戦後における細菌戦の研究というのはですね、このハバロフスク裁判の記録から、はじめられるようになったわけです。実は、毒ガスの資料というのはですね、これは不思議なことに、後で話しますけれども、東京裁判でわかっていたにもかかわらず、アメリカは免責にした。これはですね、一部の証言はあったのですけれども、私が1983年に発見して、84年に発表するまでは、日本が大々的に毒ガスをやったということは、ほとんど知られていなかった。それだけ毒ガス関係者の口が堅かったんです。

それで一般の軍事史の教科書にはですね、第1次大戦のときには、毒ガスは大々的に使ったけれども、第2次大戦のときには使われていないというのが、軍事史の常識であったわけです。

第1次大戦後、毒ガスが使われたのは、イタリアがですね、1935年、36年のエチオピア侵攻のときに使ってお

ります。それと、日本軍が使っているわけであります。ナチスドイツはですね、日本も後で話しますが、一生懸命新しい毒ガスを発見しようと思ってやっていたわけなんですが、日本では出来なかった。しかし、ドイツではですね、「ジャーマンガス」と言われるような神経ガスが出来た。しかし、ドイツはですね、それを実戦には使わなかった。ユダヤ人収容所では、毒殺用に使っていますが、実戦には使わなかった。それはなぜかと言うと、アメリカの報復が怖かったわけですね。

ですから、毒ガスが効果があるというのはですね、相手がディフェンス、科学技術が遅れていて防衛出来ないときに、有効な効果を発揮するわけです。もし、報復された場合にはですね、むしろ逆にこちら側が非常な打撃を被る、ということであります。

そういうことで、日本軍の毒ガス兵器の研究・開発・製造・運用・教育・実際の使用にいたる全体の見取図が、ようやくわかりました。

毒ガス兵器の開発には陸軍科学研究所——科研——の第3部、後には第2部、さらには、第6陸軍技術研究所——6研です——6研は新宿にあったわけです。毒ガスの大量製造は広島県の大久野島、一般に「毒ガス島」と言われていますけれども。この、「東京陸軍第2造兵廠忠海兵器製造所」で、大量の毒ガスを作ったわけであります。それで、その毒ガスを福岡県の——小倉の近くですけれども——「曽根兵器製造所」で、砲弾の中にガス

を詰める――「塡実《てんじつ》」といいますが――、そういう作業をやっていたわけであります[21)]。

それで、1933年作られた「陸軍習志野学校」が、化学戦の教育・運用にあたる。ここで、化学戦（毒ガス戦）の教育を受けた将校が、約1万人養成されております。

なお、「満州」には1939年8月、「関東軍化学部」というのが出来ました。それは、先程言いました、「満州516部隊」であります。チチハルの郊外に設けられまして、大規模な毒ガス兵器の実験がされました。それで、731部隊と516部隊が連携して、毒ガスの人体実験もなされたわけです。

これは、資料も出てきたんですけれども、捕虜をですね、木に縛りつけておいて、そこにイペリットやなんかを打ち込むんです。どういう死に方をしているか、ということを調べます。

6　毒ガスと科学者

ここにも出ていますけれど、科学と軍事の役割は何であろう、と。科学というのは、使い方によれば文明の進歩にもなるけれども、戦争のために利用することも出来る。そういうことで、科学者が動員されるわけですね。まあ、731部隊の場合、医者が主でありますけれど。毒ガスの場合にはですね、新たなガスの開発のために、日本最高級の学者が動員されております。

太平洋戦争末期になると、決戦兵器としてですね、な

んとか新たなガスの開発をしなければいけないということで、6研に「戦時研究員制度」が設置されます。

朝比奈東大教授を班長に、東大、東工大、東北大、北大の化学・医学・工学の諸教授。同じく西部班では真島阪大総長が班長になって、京大、阪大の諸教授が、新毒ガスの開発に挺身しています。

ところが日本の場合、これだけ金をつぎ込んで、一級の研究者を使って研究をしたんですけれども、ついに第1次大戦を超える新たな毒ガスは開発できなかった。しかし、この方たちは、戦後も学会の中心人物となって、文化勲章だとか、日本学士院賞だとかをもらっている人が、非常に多いわけですね。だけど自らが戦時中、毒ガス開発に挺身していた、ということを語る人はいません。そういう状況でありまして、科学者と毒ガスとの問題というのがあるわけです。

日本が実戦で使った毒ガスは、色々あるんですけれど、一番使ったのは略称名が「あか」という、「ジフェニール・シアン・アルシン」という嘔吐性のガスであります。それと致死性の毒ガスでは「イペリット」、「マスタード・ガス」とも言いますけれど、日本ではこれを略称「きい」と言っていたわけであります。

これを製造していたところは主に、広島の大久野島という島であります。これに関しては、武田英子さんという方が書いた、『地図から消された島』[22]というドキュメンタリーもありますけれども、ここの従業員たちが非常

に防護が弱かったために、戦後、ここでも気道性の癌だとか気管支炎だとかのために、非常に多くの人たちが死んでおります。ですから今ですね、政府にそのときの補償を要求しております。

この大久野島には、世界で初めてですけど、「毒ガス記念館」というのが出来ております。そこの館長さんは、単に被害のことだけではなく、日本は加害をしたと言うことを、戦争の語部としてやっております。

広島の大久野島の方では、こういう動きがでたんですけれども、福岡県の曽根の方ですけれども、2年ぐらい前からようやくですね——ここでも変な死に方をしている人が非常に多いものですから——医療補償の動きが出ております。

7　中国での毒ガス戦

次に毒ガスを日本軍が中国でどう使ったか、ということについて簡単に言うわけですが、この化学戦ということはですね、加害だけではなくて、被害と加害が表裏一体になっている。毒ガスを製造している人たちにも障害が出てくる。この障害が核兵器と同じように、体内に非常に影響力が長く残る、という問題があるわけですね。

あるいはベトナム戦争でも、「ベトちゃん・ドクちゃん」みたいな奇形児が「枯葉作戦」で生まれております。だけども、あの作戦に関わっていたアメリカ人の兵士の中にも、癌やなんかで死んでる人たちが続出してい

るわけなんですね。

化学戦というのは、そういう「表裏の構造」をもっている、と言えるわけです。あるいは、「陸軍習志野学校」、ここの人たちも口が堅いですね。この前、『陸軍習志野学校』[23)]という本を出しました。

ところが、私が資料を発見し発表したためにですね、どうするかと言うことで編集で意見が分かれ——要するに、実戦で使われたかどうかということです——、結局、実際には使わなかった、ということで通して発行したんですね。

あるいは、海軍も神奈川県の「相模海軍工廠」で〔毒ガスを〕製造していたわけでありまして、こちらの方も最近、ぼちぼち学徒動員された学生や女学生の回想録が発表されるようになりました。海軍が〔毒ガスを〕実戦に使ったかどうかということは、今のところはっきりしておりません。

それと、私の資料集〔『毒ガス戦関係資料』〕にも書いてあるんですけれども、毒ガスというのは国際法違反であります。これは具体的には述べませんですけれども、1899年の「毒ガスの投射禁止に関するハーグ宣言」、それ以後、いくつかの条約があってですね、日本は批准・調印しているから、当然、毒ガス使用については国際法の制限のもとにある、ということであります。

ですから、日本も1930年の頃は、国際法についてかなり厳しい立場をとっていた。1930年の「ジュネーブ—

般軍縮会議」ではですね——毒ガスをどこまで含めるかということは人によって違うのですけれども——、この時の日本代表はですね、「催涙ガスまで禁止すべきだ」と言っています。

当初は日本では催涙ガスでさえ、毒ガスとして禁止するという立場だったわけです。ところが、日中戦争が始まった1937年に盧溝橋事件が起こると、各種の化学戦部隊が中国各地に派遣されます。そこで日本軍は、最初はただ煙幕を作るような発煙筒をですね、あるいは催涙ガスを実験的に使っていた程度なんです。有毒なガスは使っていなかったんです。

ところが、翌年の1938年以降、毒ガス作戦は一挙に拡大いたします。先程言いました、くしゃみ性・嘔吐性のガス、すなわち「ジフェニール・シアン・アルシン」、「あか筒」とか「あか弾」ですね、これを大々的に使うことになります。

しかし、これを使うことは国際法に違反するということを知っていたために、非常に秘密保持に注意して、各部隊に指令を与えているわけです。毒ガスの名前を削るとか、使った砲弾を全部処理するとか、そういうことをやっております。

ですから、当時は言論統制の時代でありましたから、新聞を見てもそういうことは一切出てこない。当時の新聞を見ていてわかるのは、中国軍が日本軍に対して毒ガスを使っている、という記事が時々出てきます。これ

は、逆なんですね。これもひとつの「プロパガンダ」〔宣伝〕なんです。

1938年の徐州作戦のときは、「あか筒」をですね、7,000本使っております。しかし、軍の中にも「毒ガスなどを使うのは、正攻法じゃないんじゃないか」と言う指揮官もいたんです。「やっぱり、正々堂々としてないんじゃないか」というようなことを言う人もいた、と。

ところが、日中戦争というのは、最初は一撃すれば中国はすぐ手を上げると思っていたのが、思わぬ泥沼の長期戦になっていったわけですね[24)]。

そうなると、毒ガスというのは一番効果があるんですね。相手に防衛（ディフェンス）があまりない場合——ガスマスクは全員に渡ってないわけですから——毒ガス〔弾〕を打ち込むと、簡単に攻撃ができ、勝ってしまうということになって、毒ガスの効果はてきめんであるということがわかったんですね。

それで、当時、参謀総長だったのは宮様の閑院宮という人ですけれど、「毒ガスを使え」という命令を出しております[25)]。

日中戦争で最大の戦闘といわれた武漢での戦闘では、1938年の8月から11月まで中支那派遣軍が375回にわたって、「あか弾」9,667発、「あか筒」32,163本を使っております。このことは、日本側の資料で明らかになりました。

これは、最近亡くなった、戦後最初の首相であった東

久邇宮が一方の司令官でありました。[26] 彼の「毒ガスを使え」という命令も、今でも残っております。

「ジフェニール・シアン・アルシン」を使うと、これは致死性のガスではないんですが、かなり効くわけで、ガスを吸った中国兵が苦悶するわけです。日本軍の『戦闘日誌』に、「ガスのため戦闘不能になり、銃剣で刺し殺す者は300を下らず」というようなことが出ております。

私の『毒ガス戦関係資料集』という本が出版されておりますので、現在ではかなりの状況が明らかになっておりますし、あるいは中国側から『細菌戦と毒ガス戦』という膨大な資料集も出版されております。

致死性のガスで一番有名な毒ガス戦は、1941年の10月、宜昌作戦において展開されたものです。この時の戦闘は、日本軍は中国の国民政府軍に包囲されて、ほとんど全滅の状態になった戦闘で、何で使うようになったかという微妙なところまではわからないんですが、「イペリット」を使うということで、「イペリット」を1,000発、「あか弾」1,500発を発射して、ようやく中国軍が撤退したというものであります。この戦闘は国際的に有名な事件です。[27]

当時、中国にいたアメリカのケミカル・オフィサー（Chemical Officer）――化学将校がちゃんと検証しております。日本側の資料にも中国側の資料にも、核心的なものがあります。「イペリット」の方は、主に華北の中

国国民党地域よりも、八路軍——中国共産党系のところで使っていることが多いわけです。

私は1度だけ、被害者から毒ガス戦の体験を聞いたことがあります。それは、1985年の台湾の台北での「7・7記念日」[28]の講演会で、「日本の毒ガス作戦」という講演をしました。そうしたら、後からだいぶお年をめした、理科系の学校の助教授をしている方でしたが、「10代で国民政府軍のゲリラ戦をやっていた。正規軍ではなくてゲリラ部隊だったが、我々には防毒装備がなく、タオルに尿をひたして鼻や口を覆うとか、手拭いに石鹸をこすりつけて利用した」、と言っておりました。

これは、この人だけではなくて、先程言いました『毒ガス戦と細菌戦』という資料にも載っております。それだけ装備がなかったから、効果があったわけです。

この人にもいろいろ聞いたんですけれども、やっぱり死んだ人もいて、「死亡した兵士を置いていくのは非常に心が痛んだ」と。「毒ガスで負傷したある兵士は銃を持つ力がないため、私が歩兵銃を持たせてやったが、その時の印象は今もなお強烈である」と言っております。中国側がいかに毒ガスに対する防御がなかったか、ということであります。

これからも、こういう聞き取りは続けていきたいと思います。

8　アメリカの日本に対する化学戦政策

では、実際どれくらい使ったかということになるわけですけれども、私が調べたアメリカ側の資料では、東京裁判の法務官でありましたモロー陸軍大佐[29]という人が中国で調べた結果、1937年から45年までの間に日本軍が行なった毒ガス作戦の件数は1,312件、死傷者が36,986名うち死者が2,086名となっております。

この資料は国民政府からの資料でありますけれども、これには共産党〔八路軍〕側の資料は含まれておりません。今度の中国側の資料で、はじめてこの統計が出てきております。この資料は『解放日報』という中国共産党の機関誌ですが、その中に八路軍の兵士でガス中毒にかかった者の数をあげています。

1937年9月から44年5月までの間のものですが、14,075名という数を出しております。こういう犠牲者の数というのは正確につかまえることは非常に激しいわけでありますけれども、このように日本軍が毒ガス戦をしたのは、中国大陸が多いわけです。

太平洋戦争が始まりますと、日本軍は化学兵器（毒ガス）を南方に大量に持って行くんです。しかし、ほとんど使えなかった。これは確か1942年だと思いますが、ルーズベルト大統領が、報復をするということを日本に対して述べております。

中国と違って化学戦の能力はアメリカの方が上でありますから、〔アメリカの〕報復が怖いということで、日

本軍が玉砕した地域でも毒ガス兵器だけは残っています。もし、それを使ったら後で使われるんではないか、という心配があったためです。そのため、日本軍はアメリカ軍に対して、ほとんど毒ガス兵器を使っておりません。

最近わかったことでありますけれども、私と一緒に毒ガス戦の研究をしております中央大学の吉見義明さんが、この2年間アメリカに行っておりました。アメリカも実際に日本に対する化学戦準備をしておりました[30)]。

これは大規模な作戦計画でありますが、最終的にはアメリカは原爆を投下したわけでありますけれども、日本に対して化学戦が行なわれていたら、相当な被害が出たと思います。

アメリカ軍は化学兵器に関して朝鮮戦争で使ったかどうかは別としまして、こういう流れがあってベトナム戦争で使ったわけです。

南方でも日本軍の『戦闘詳報』に、マレー半島でイギリス軍の戦車に「ちび」という青酸ガスが入った小瓶を投げ、青酸ガスによって中の兵士を殺傷するという兵器のことが記述されております。また、ビルマ（現ミャンマー）でも使ったという例もあげられております。

日本軍の毒ガス作戦は、今日の〔赤穂高校平和ゼミナールの〕資料集にもかなり詳しく書いてありますので、参照していただきたいと思います。

9　南京事件

それでは、最近またまた問題になっている「南京事件」[31]に関することなんですが。自民党の石原慎太郎が『プレイボーイ』誌上で、「南京事件なんてものは、中国で捏造したものだ」という趣旨のことを言っております。

私も南京事件の研究会の一員でありますが、研究会で公開質問状を出したところ石原は『文藝春秋』に南京事件の文章を書いて、捏造とは言わなくなった、今度は〔死者の〕数は中国が言うほど30万人もいなかった、たかだか1万か2万人だというようなことを言って逃れているわけですね。彼もずいぶんいいかげんな人だと思いますね。

あるいは、『文藝春秋』では、「当時従軍作家であった大宅壮一だとか石川達三の『生きている兵隊』でも何も書いてないじゃないか」と言っているんです。ところが、石川達三の『生きている兵隊』[32]というのは、フィクションの形をとっていますが、あれは南京事件のことなんです。これはまだ世間に発表されていないものですが、東京裁判の石川達三の尋問で明らかにできました。

石原慎太郎は文学者なんですが、大江健三郎が「文学者としては立派だが、アジア認識としては問題だ」ということを言っているんですが、その程度の批判でいいのかどうかということは、私としては疑問に思うわけなんですが……。

南京事件が問題になっているわけなんですが、あったのは間違いない。しかし、中国側が言うように30万人全部が死んでいるかどうかは相当に問題があるんで、数の問題というのは、今となってはなかなか難しいところなんですが、やはり10万人以上、あるいは20万人近くは死んでいるのは、間違いないと思います。

この南京事件と日本の毒ガス作戦はともに国際法違反の事件でありますが、毒ガス作戦の場合は参謀総長の命令で毒ガス戦が行なわれたわけであります。ここで天皇が知っていたかどうかということも問題になるわけですが、今のところ直接的な資料は出てきておりません。

それでは南京事件はどうであったかというと、軍上層部は虐殺が起こる客観的状況を作っていたことは事実であります。例えば松井〔石根〕軍司令官が直接虐殺命令を出したかどうかというと、今のところそのような事実はないわけです。

毒ガス戦の場合は、はっきりと軍の指揮命令系統を通して、大規模に実施されたというわけです。当初はその命令を受けた中国の第一線部隊の中にも躊躇《ちゅうちょ》しているところもあるわけなんですね、「正々堂々としてないじゃないか」、と。ところがだんだんのめり込んでいってしまうわけです。

実際に日本が毒ガス戦の研究をして使おうとしたところは、中国ではないんですね。日本の陸軍は、中国なんて一撃で片付くと思っていたんですね、あんな泥沼戦に

なるとは思っていなかった。一番の敵はソ連なんです[33]。毒ガス戦の研究もソ連と戦うために行なっていたんです。ですから、日中戦争の時の毒ガス戦は、陸軍にとってはひとつの実験だったわけです。

しかし、このような事実は今でも知らない人が多いし、外務省も認めたからないわけであります。毒ガス戦の関係者がいかに口が堅かったということであります。

10　毒ガス戦と細菌戦の免責

私が研究している東京裁判では、先程言いましたアメリカのモロー陸軍大佐が中国に行って――この方は東京裁判で日中戦争の検察側の責任者だったわけですけれども――、毒ガス戦と細菌戦の両方の資料を集めてきて、毒ガス戦と731部隊〔細菌戦〕の両方を起訴しようとしたわけであります。

731部隊の方はある程度わかっていて、石井四郎の尋問をしようとしたのですけれども、GⅡのウィロビー少将に拒否されてしまう。そのため壁に行き詰まってしまうのです。

最近では、常石さんが明らかにしていますけれども、アメリカ側が731部隊のノウハウを手に入れるために、「石井たちを免責しなければだめだろう」ということで、免責したということがはっきりしました[34]。

細菌戦の資料を極秘に入手したいと、一時期、NHKの記者から電話がかかってきて、「アメリカから多数の

731部隊の標本が防衛庁に返って来たらしい、なんとか取材できないか」、と。防衛庁に入ってしまうと見られないんですよね。どういう標本のサンプルなのか非常に興味あることなんですけれども、どうもある程度は返って来ているらしい。

それで私は一時期、『朝日ジャーナル』に半年ほど「東京裁判への道」というのを書きまして、この問題を書いたことがあります。その中で、「最初は両方とも起訴状から抜けていただろう」というふうに書いたんですけれども、これは私の間違いでありまして、たしかに細菌戦の問題、731部隊の問題は起訴状から抜けていたんですけれども、東京裁判の起訴状には最初、毒ガスはあったんですね。

私もワシントンでモローの集めた毒ガス関係の資料を随分集めました。彼自身も言っておりますが、「これは裁判でも十分に立証できる」と、しかも起訴状に明確に書かれているのですから。

1946年8月6日、検察側立証で日中戦争関係の冒頭陳述にモローが立ったわけですけれども、彼は法廷で盧構橋事件前後からの日本の中国侵略と国際法違反の概略を説明するとともに、検察側の証人を尋問して証拠資料を提出しました。

彼の告発は8月8日まで続いたが、日本軍の毒ガス戦や細菌戦については触れないままに終っています。モローは日中戦争関係の責任者だったわけですけれども、

検察立証がまだ前半段階であったにもかかわらず、8月12日、突如アメリカに帰国してしまう。

ようするにモローは上からの指令を受けたのでしょう。やろうと思っていたのに出来なくなってしまった。自分としてはやりたかった、立証したかった。で、彼はたぶん怒って日中戦争段階の立証の責任者であったにもかかわらず、途中でアメリカに帰ってしまった。

それでは、なぜアメリカは毒ガス戦を免責したのかということですが、明確な文書は今のところ出てきておりません。

推測ですが、毒ガスの種類としては第1次世界大戦当時のもので、あまり新しいものはない。しかし、実戦で使ったというデータは使えるかもしれない、と思ってアメリカは免責したのかもしれない。あるいは、毒ガス戦の問題が法廷に出れば、原爆の問題が日本側から出されるかもしれない。このようなことを配慮したのかもしれません。

細菌戦の方は、「ハバロフスク裁判」であったわけですが、最近、この裁判の記録フィルムがソ連の方から出てきたようです。また、ハバロフスク裁判の細菌戦に関する本が今度、日本語に翻訳されて出版される予定です。[35)]

最近では、ペレストロイカ、グラスノスチ〔情報公開〕により、ソ連の資料も出てくるようになりました。

冒頭の方で言いましたが、オーストラリア国立大学の

ギャヴァン・マコーマックが言っているように、「東京裁判の免責の問題で一番重要なのは、天皇の役割と細菌戦、化学戦だった」……と。

私は以前に書いたことがありますが、アメリカが細菌戦・化学戦を免責したことは重大な戦争犯罪だと思います。東京裁判の研究をやっていると、よく「東京裁判史観」とか、あるいは「勝者によって一方的に裁かれた裁判」とか言われます。

東京裁判が非常に政治的な裁判であったことは、私も認めますが、しかしそういう人たちに限って、天皇が免責されたこととか、細菌戦、毒ガス戦が免責されたなんて一言も言わないんですよね。そういう意味においても、アメリカが細菌戦・毒ガス戦を免責したということは、かなり大きな政治犯罪、アメリカのいわば国家犯罪だったんではないかと思います。

もし、東京裁判で細菌戦・毒ガス戦が立証されていれば、これは国際法における事実上の判例になるわけです。国際法に力がないといっても、やはり抑止力を持つわけですね。そうすれば朝鮮戦争で——ちょうど米ソ対立の冷戦状態で、アメリカ軍が朝鮮で細菌戦をしたというのはソ連のプロパガンダだという意見もあるのですが——、あるいはベトナム戦争における「枯葉作戦」などの細菌戦・化学戦についても、自らがきちんと裁いていたならば、非常に出来にくかったんではないでしょうか。

あるいは、先程の湾岸戦争でも「化学戦の危機」ということが言われました。このようなことは、私は今後あると思いますが、そういう時に東京裁判でアメリカがはっきり裁いていたならば、それはひとつの先例になっということだと思います。

しかし、歴史というものは取り返すことが出来ないから、やはり今になって研究者が明らかにする他はないんですね。そういう免責という問題……、これは現在にもつながってくるということで、この問題は過去・現在・未来にかかわる問題なんだ、ということで重要性を持つのではないかと思うわけであります。

長いこと喋ってきたわけでありますけれども、私の方は毒ガスが専門なんで、繰り返しになりますが、やはり今年の9月の国際会議に日本政府がどういう提案をするのか、注目しているところであります。

第2次世界大戦で、唯一、細菌戦・化学戦を使用した国であるという反省をもとにして、やはり私たちはその被害がどうであったかということを含めて、〔日本が使用したということを〕明るみに出して、生物兵器・化学兵器の全廃に向けて、日本は率先して努力すべき、というふうに思うんですね。

ちょっと前の新聞に、中国政府から――こちらでも9研が青酸をどう処理したかという問題がありましたが――、「日本が敗戦直後に中国大陸に毒ガス弾を埋めた

ところから、それらしきものが発見されたから処分してくれ」という要請が日本政府に来ている、という記事が載っていました。

もう50年も経過していることですよ……。毒ガスの毒素というのは、それほどの持続力を持つわけですね。日本政府もこれに応ずると言うのですけれども、その後の記事がないからわからない。しかし、毒ガスを処理するのは誰なんでしょうか……。今出来るのは誰でしょうね。旧軍関係者なのか、あるいは自衛隊化学学校が行くのでしょうか。今度は自衛隊を中国に派遣するんでしょうか……。

毒ガスというのは実戦で使った場合でも、あるいは毒ガスを製造する場合でも被害が出るし、土の中に埋めても50年経過した今でも中国に被害を与えているという、重い事実があるわけです。そういうことにも私たちは想いを馳せなければいけないというふうに思っております。

早口で色々なことを述べたんで、わかりずらい方もあったかと思いますけれども、私の話したことは今日のために作っていただいたパンフレットにかなり出ておりますので、これを是非、見返していただければ私としては幸いであります。

非常に拙い話でありましたけれども、これで私の話は終りたいと思います。

（文責：木下健蔵）

注

1）9研とは、陸軍登戸研究所の正式名称である、「第9陸軍技術研究所」のことである。

2）今回の記念講演会のため発行した『出版記念講演会資料集』。立教大学教授の粟屋憲太郎、法政二高教諭の渡辺賢二、赤穂高校平和ゼミナール顧問の木下の3本の論文と陸軍登戸研究所に関する資料が収められている。

3）「昭和天皇独白録」（『文藝春秋』1990年12月号所収）。『昭和天皇独白録』文藝春秋、1991年。『独白録』の他に、『寺崎英成・御用掛日記』が収められている。

4）粟屋憲太郎ほか『徹底検証・昭和天皇独白録』大月書店、1991年。

5）ギャヴァン・マコーマック『侵略の舞台裏 —— 朝鮮戦争の真実』シアレヒム社、1990年。

6）A（Atomic）＝核、B（Biological）＝生物、C（Chemical）＝化学、兵器のこと。

7）原書は、1989年に中国の中華書局から出版された、『日本帝国主義侵華檔案資料選集』第5巻の『細菌戦与毒気戦』である。

8）日本では、上記の翻訳として、同文館から『生体実験』、『人体実験』、『細菌作戦』の3部作（1991年、1992年）が出版されている。

9）1933年に設立された、毒ガス戦のための教育をする学校。

10）毒ガスの研究をしていた、陸軍の技術研究所。

11）中国における細菌戦部隊の本部。表向きの名称は、「関東軍防疫給水部」。

12）スパイのための養成機関。陸軍登戸研究所と密接な関係にあった。

13）「満州第561部隊」。関東軍の毒ガス戦部隊で、「関東軍化学

部」の秘匿名。もとは、「関東軍技術部」と言った。ハイラルで、731部隊と青酸ガスの合同実験をしたことでも有名。

14) 1941年の5月から6月にかけて行なわれた、南京での登戸研究所と1644部隊との合同人体実験。

15) 朝日新聞の記者で、飯田市出身。『南京への道』（朝日新聞社）など、多数の著書がある。

16) 登戸研究所第2科で開発された青酸系の毒物。正式には、「アセトン・シアン・ヒドリン」という。帝銀事件で使用された毒物ではないかと言われている。

17) 1943年の12月、上海の特務機関で同様な人体実験が行なわれた。

18) 有末機関とは、敗戦時の参謀本部第2部長の有末精三中将を機関長にして、GHQと旧日本軍との連絡にあたっていた機関。

19) 粟屋憲太郎・吉見義明編『毒ガス戦関係資料集』（不二出版、1989年）に収められている。

20)『細菌戦用兵器ノ準備及ビ使用ノ廉デ起訴サレタ元日本軍軍人ノ事件ニ関スル公判書類』外国語図書出版所（モスクワ）、1950年。この裁判では、関東軍司令官山田乙三大将、第731部隊川島清軍医少将ら12名が被告となっている。

21) 東京陸軍第2造兵廠忠海兵器製造所は、広島県の大久野島に1929年に創設された、日本で最初の毒ガス専門の製造所である。曽根兵器製造所は1937年に創設された、毒ガス塡実のための製造所である。

22) 武田英子『地図から消された島』ドメス出版、1987年。

23) 陸軍習志野学校史編纂委員会『陸軍習志野学校』（非売品）、1987年。

24) このような考えは、「対支一撃論」と言われていた。

25) 閑院宮載仁参謀総長により、1938年に発せられた〈大陸指

第110号〉。

26）戦後、最初の首相であった東久邇宮稔彦のこと。

27）宜昌作戦は、1940年4月から行なわれた第11軍を中心とした作戦。

28）1937年7月7日の盧溝橋事件を、中国では「7・7記念日」という。

29）日本軍の毒ガス戦についての追究は、東京裁判開廷に先立って、国際検察局スタッフの中で行なわれた。その中心となったのが、トーマス・H・モロー陸軍大佐であった。しかし、東京裁判では日本の毒ガス戦は免責された。

30）アメリカが日本に対して毒ガス作戦を計画していた事実を明らかにした。この内容については、1991年7月5日付の『朝日新聞』と、吉見義明「米国の日本殲滅『毒ガス作戦』の全容」（『現代』1991年9月号所収）を参照のこと。

31）1937年12月13日、中支那方面軍（松井石根大将）が南京占領時に起こした中国人大量虐殺事件。

32）『中央公論』1938年3月号に発表されたが、当局により発禁処分となる。

33）日本陸軍は、1907年の「帝国国防方針」以来、一貫してソ連（ロシア）を仮想敵国の一番目にしていた。

34）アメリカが731部隊の人体実験のデータを手に入れるために免責したことが、アメリカ側の『フェル・レポート』で裏づけられた。731部隊の免責については、常石敬一『標的・イシイ』大月書店、1984年、377頁以下を参照のこと。

35）N・イワノフ、V・ボガチ『恐怖の細菌戦』恒文社、1991年。

付　記

本論文は、1991年4月13日、長野県駒ヶ根市総合文化センター大ホールにおいて行われた、『高校生が追う陸軍登戸研究所』出版記念講演会のときの立教大学教授粟屋憲太郎氏の講演内容である。〈肩書は当時のものである〉

本論文は、すでに赤穂高校平和ゼミナール発行の『出版記念講演会報告集』（APS、1992年）に収録されているものであるが、内容が貴重であることと、報告集が非売品で一般の人の目にふれる機会が少ないと思われることから、粟屋教授の諒解の上、本書に再録することにした。

講演内容は平和ゼミナールの生徒がテープを起こし、顧問である筆者が見出しと注を加えた。なお、文中の〔　〕は筆者（木下）の補足である。